歴史文化ライブラリー
453

土木技術の古代史

青木 敬

吉川弘文館

目次

寺院・宮殿建築の変容　奈良時代

土木技術と歴史――プロローグ

土木技術とは

「技術は一方において自然がなしえざることを完成し、他方において自然を模倣す」とは、古代ギリシャの哲学者アリストテレスが残した言葉だ。けだし名言であり、技術というものは、人間が自然の英知から学び取った成果であることを説く。

なかでも土木技術は、人類史上最も古くから絶えることのない技術のひとつであるとともに、今もなお人間が社会的な生活を送るために不可欠な要素でもある。人間が生活しやすいよう自然環境を社会環境へ組み込むための手段、それが土木技術といってもよい。「すべての技術の母」であり、「技術のなかの技術」とも形容される土木技術だが、人間の歴史を考古資料から復元・考察する考古学は、モノの製作技術からみた技術の系統を分類するなど、技術史的観点から時代像などを読み取ることを得意とする。土木事業の痕跡は、大小を問わず遺跡で数多くみつかっている。したがって、考古学の観点から土木技術の歴史を考えてみることは、十分に可能と思われるし、土木技術の系統について、順を追ってあきらかにすることも不可能ではない。土木技術の結集でもある墳墓《ふんぼ》などの土木構造物は、社会的に組織された集団によって達成される。すなわち、共同体の知恵と経験によって技術が応用科学となり、それを次代へ伝えることで伝統となっていく。土木技術の背景には、こうしたプロセスが潜んでいる（チャイルド一九五七）。そこを紐解くことによって、当時の社会を復元する手段のひとつとして土木技術が有効ではないか。こうした見通しをもとに、本書では土木技術に焦点をあててお話ししたい。

土木技術史のイメージ

しかしながら、土木技術史と聞くと、読者のみなさんの多くが近世から近現代につくられた土木遺産を思い起こすのではなかろうか。土木学会選奨土木遺産をみても、大半は近代の土木構築物だ。土木遺産は、日本の近代化を支えた土木構造物を顕彰することを主たる目的とするため、これに異議を唱えるつもりは毛頭ない。だからといって、土木技術は日本の近代化にのみ大きく貢献したと、一言で片づけてしまえるものでもない。冒頭で述べたとおり、土木技術は人類史のごく初期から常に時代に寄り添ってきた技術でもあり、その恩恵によって日本列島は社会や生活の基盤を整え、現在にいたる発展の礎となってきた。つまり、千年以上も昔の日本列島であっても、土木技術は人間社会のなかで大きな役割を果たしてきた。そして、その重要性は、原始・古代からいささかも変わっていない。

それでは、近代以降、さかのぼっても近世以降の土木遺産ばかりが注視されるのは、なぜだろう。その理由は、古代や中世にさかのぼる現役の土木構造物が稀少であることだ。加えて、歴史的な土木構造物を詳細に分析するには、考古学による発掘調査成果が頼みの綱だが、考古学の世界でも土木構造物を正面からとりあつかった研究がまだ少ないことがあげられる。当然、土木技術の歴史を古代から連綿と論じた体系的な研究も皆無であり、こうした研究の遅れこそが、土木技術＝近代以降のイメージを生む主因と考えられる。

考古学と土木技術

日本考古学では、土器や石器、金属器などの遺物研究が長く研究の中心に座ってきた。そして、その座は今もなおあまり変わっていない。つまり、遺跡の不動産的側面――考古学では「遺構」とよぶ――にクローズアップする研究は、遺物研究に比べて少ない。遺構は、その性格上、再検証することがむずかしい。たとえば、古墳の発掘調査が終わった後、墳丘のつくりかたを確かめたいと思っても、簡単に再調査はできない。そもそも、日本における発掘調査は、対象となる遺跡が開発などで壊されてしまうため、事前に発掘調査を実施し、記録する、といった類の調査が大半だ。

そうなると、再検証をするにも対象となる遺跡そのものが消滅している場合も少なからず存在する。

遺跡そのものをじっくりと観察し、あらためて検証することがむずかしい、こうした要素も、遺構を対象とした研究がやや敬遠される背景にあるように思う。かといって、遺構を研究対象とせずにいればよいというわけではなく、本書でとりあげる土木技術を解明するには、当たり前だが遺構が主たる研究対象となる。現場での再検証がむずかしい遺跡の場合、残された記録類を手がかりに考えるほかない。しかし、やみくもに図面や写真をながめてみたところで、導き出される情報は微々たるものだ。そこで本書では、土木技術のなかでも、おもに「土を盛る技術」に着目する。盛る技術がどのように変化し、またなにをきっかけに変化したのか、その歴史的な背景をたどる、という試みである。そのきっかけを把握し、理解するにはどういった観点に着目すべきか、これから本書で紹介するその着眼点について、本題へ入る前に素描しておきたい。

古代の土木技術と社会

石の文化・木の文化・土の文化いずれも、素材の大きさや重さをはかり、運搬する技術が欠かせないし、だからこそそれを可能とする道具を生みだした。縄文《じょうもん》時代の大規模な集落、弥生《やよい》時代以来の水稲稲作文化を支えた灌漑《かんがい》技術、巨大な前方後円墳《ぜんぽうこうえんふん》に代表される古墳《こふん》、律令《りつりょう》国家の象徴として造営された都城、信仰の拠点としてつくられた寺院、防衛拠点としての城郭など、歴史上の重要な土木技術の遺産は枚挙に暇がない。そして、そのいずれもが、時代を象徴する施設であり、かつ視覚的な効果も期待していた。また、人間が生存に不可欠な水を確保するため、井戸を掘り、水路を掘削することも土木技術の賜物だ。さらに、都市と都市とをつなぐ道路、川を渡るための橋、船を停泊させ物資を積み下ろす津（港湾施設）など、現在でも欠かせない構造物は、古代でも同様、欠かすことのできないインフラストラクチャー（インフラ）だった。

そう、われわれの身の回りには、社会や生活を下支えする、あるいは権力の所在を明確化する土木技術がそこかしこにある。それは古代においてもまったく同じことだ。そうであれば、人間が土木技術を効果的に使った局面を抽出できれば、当時の人がどのような社会を目指したのかを考えるヒントとなる。つまり、古代の人々が目指した社会とはなにか、土木技術を使ってあきらかにする、これが本書で提示したい点のひとつである。

土木技術から政治をみつめる

人間社会と一概にいっても、その実際は、じつに複雑かつ多様化している。本書では、古代土木技術全般を網羅的に記述できるほど紙幅に余裕がない。そこで本書では、筆者がとくに興味深いと考える土木技術について、トピック的に紹介していくことにしたい。まず本論へと入る前に、土木技術の分析から抽出できるキーワードをふたつほど提示し、読者のみなさんに対する理解の援けとしたい。

まず、土木技術からみた政治である。古墳や寺院など、いずれも当時の権力者が注力してつくりあげた構造物である。古墳は、たんに政治的権力の象徴としてだけつくられたのではなく、古墳をつくった各地の社会と古墳築造とは決して無関係ではない。だからこそ土木技術と社会とのかかわりを先に強調したのである。

ただ、有力者は、各地の社会とだけかかわっていたのではない。政治的・経済的なネットワークを介して、遠くの有力者とも関係を結んだことが、考古学の研究成果からあきらかだ。では、土木技術から、こうしたネットワークの存在がうかがえないだろうか。特定の土木技術がどこで採用されたのか、点と点とを結ぶことでみえてくるネットワークは、動産である鏡や剣、玉などの移動からみた政治的なネットワークと同じか、それともちがうのか。もし、ちがうのならば、遺物とはまた異なった時代像を提示できるのではないか。

土木技術から外交を復元する

このネットワークは、なにも日本列島に限定するものではない。中国（東部ユーラシア）や朝鮮半島など、東アジア規模で俯瞰して、はじめてその本質がみえてくる面も多い。東アジアの規模のネットワークとなると、地域同士の外交が介在することになる。外交もその時々の情勢により変化する。こうした変化と土木技術とは連動するだろうか。古墳や寺院などは、当時の最先端技術を採用して造営されたという。最先端の技術が日本列島内で創出された場合もあろうが、その多くは海の向うからもたらされた可能性が高い。では、どういったタイミングで先進技術はやってきたのか。もし技術の将来と外交とが連動するならば、当時の東アジア情勢を土木技術からのぞいてみることも不可能ではなかろう。土木技術と外交、これが本書のふたつ目のキーワードだ。

以上のような術語を念頭において、いよいよ本論に入りたい。もちろん、ほかにも紹介したいキーワードはいくつかある。ただ、前菜でお腹いっぱい、では困るので、ほかの注目すべき要素については、メインとなる本論で追々あきらかにしていきたいと思う。

列島を二分した技術

古墳時代前期

弥生墳丘墓から古墳へ

弥生墳丘墓の出現

筆者は、古墳《こふん》時代＝前方後円墳《ぜんぽうこうえんふん》の時代ととらえている。そして、墳丘長が三〇〇<ruby>㍍</ruby>近いきわめて大型の前方後円墳——巨大前方後円墳——が出現した時点、すなわち奈良県桜井市箸墓《はしはか》古墳の築造をもって古墳時代の到来と考えている。なぜそう考えるのか、ここでは土木技術からその理由の一端をあきらかにしたい。

弥生《やよい》時代、すでに墳丘を有する墓はつくられていた。いわゆる弥生墳丘墓《ふんきゅうぼ》である。ただし、弥生時代を通じてその性格や特徴が変わらなかったかといえば、そうではない。まず、弥生時代中期以降、ひとつの墳丘に埋葬施設を多数設ける例が出現するが、こうした例では埋葬施設の中に卓越する、換言すると突出した埋葬施設が存在しない。しかし、後期前半になると状況が一変し、集団を指導する人間の権能を強化する動きに出る。こうした動向が顕在化したのは、中国・四国地方の一部と、近畿地方北部や北陸地方などの日本海側の一部地域であった。岩永省三氏は、「絞り込み顕在型墳丘墓」および、いわゆる首長制へと移行する指標のひとつにあげる（岩永二〇一三）。近畿地方南部では、弥生時代終末期になって、ようやく絞り込み顕在型墳丘墓がさかんに築造されるようになった。

沖積地につくられた墳丘

一方で、近畿地方南部でも大型の墳丘を構築する技術が、弥生時代中期にはすでに確立していた。大阪府東大阪市瓜生堂《うりゅうどう》遺跡第二号方形周溝《しゅうこう》墓《ぼ》や大阪市加美《かみ》遺跡Y1号墳丘墓など、平面長方形の墳丘を台状に構築した例が認められる。このうち、加美遺跡Y1号墳丘墓では、墳丘の周囲に掘られた溝（周溝）から採土し、まず墳丘の縁に「ヨ」の字形をした土手を築き、そのご「ヨ」の字形の土手の隙間を埋めていく（図1）。墳丘の盛土《もりど》は、周溝の掘削で得られた土砂で充足できるという（趙一九九九）。

ここで重要なのは、上述の墳丘墓が大阪平野（河内平野）の沖積層（難波累層）に築造された点である。つまり、これら弥生墳丘墓における墳丘構築技術は、沖積地に墳丘をつくるための技術としてまず編み出されたわけである。と同時に近畿地方の平野部では、弥生時代中期から規則性が高い技術によって墳丘がつくられていたことを示唆する。

丘陵につくられた弥生墳丘墓

二〇〇四年春、清水町教育委員会（現福井市教育委員会）の古川登氏から、四隅突出《よすみとっしゅつ》型墳丘墓の発掘調査報告書を作成するのだが、報告書の墳丘にかんする事実記載ならびに考察を執筆してみないかというお誘いをいただいた。いかんせん、まだ一度も実見したことのない遺跡である。最初は引き受けてよいものか躊躇したが、これが弥生墓についても勉強できる契機になると思い、ありがたくお引き受けし、その年の秋、報告書執筆にむけた資料収集と打ち合わせをかねて、福井県福井市（旧清水町）にむかった。

遺跡の名は、小羽山《おばやま》墳墓群（図2）、四隅突出型墳丘墓とは、現在の島根県や鳥取県などを中心に、弥生時代後期に日本海沿岸の広い地域に分布する弥生墳丘墓である（福井市立郷土歴史博物館二〇一〇）。こうした共通した墳墓が広域に分布するのは、各地の有力者が連携したネットワークの存在を暗示していると考えられる（岩永二〇一三）。小羽山墳墓群は、まさに、有力者のネットワークが広域におよんだことを象徴する墳丘墓といえる。

小羽山墳墓群では、二六号墓・三〇号墓の二基が群中で墳丘が飛びぬけて大きい。墳丘は、本項の冒頭でもふれた四隅突出墓という、長方形の墳丘の四隅に舌状の突出部を設ける、特徴的な形態だ。古川氏にともなわれて、現地をみた筆者がまず感じたことは、「弥生墳丘墓も、前期古墳と同じように丘陵上に立地するのだな」という点だった。それまで

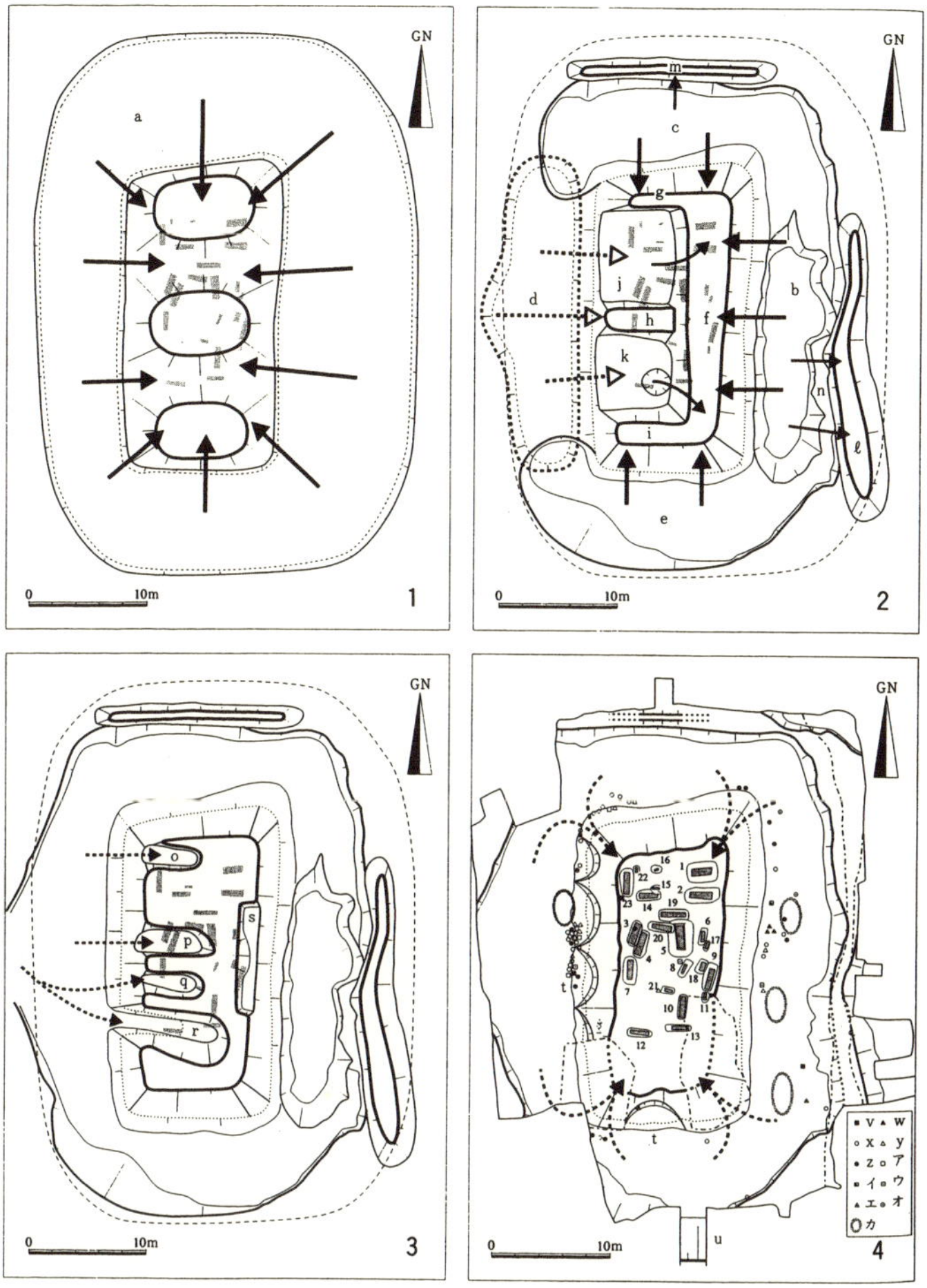

図１　加美遺跡Ｙ１号墳丘墓の構築順序

図２　小羽山墳墓群

にも、日本海沿岸や瀬戸内地域の弥生墳丘墓をかなり訪ね歩いていたが、考えてもみれば、その大半が丘陵の上に築かれていたことを、小羽山墳墓群がある丘陵上にたたずみながら思い返していた。

墳丘盛土量と採土地のちがい

帰京後、小羽山墳墓群の墳丘にかかる事実記載をいざ執筆する段になって、墳丘の周囲に比較的浅く、幅もそれほど広くない周溝がめぐることが気になりだした。この周溝を掘削した際の土は、墳丘の盛土《もりど》にまわしたのだろうか。気になって図面の土層注記を参照すると、どうも墳丘の盛土は周溝や墳丘周囲にある土壌に由来するようだ。三〇号墓を例にとると、墳丘盛土の厚さは最大で〇・八メートル、墳丘裾をめぐる周溝の深さは約〇・七メートル、周溝の内側に幅広のテラスが存在するが、このテラスをつくりだす際に削った土と周溝の掘削で発生した土とをあわせれば、墳丘盛土は問題なく充足できる量だ。

ここでふと、巨大前方後円墳の墳丘や外堤をはじめとする盛土は、周濠など墳丘周辺の採土のみでは充足できないと提起した梅原末治の論考を思い出した（梅原一九五五）。そうか、古墳の採土と弥生墳丘墓の採土とは、その採取地の広さが異なっているのではないか、つまり、古墳周辺だけでなく、それより遠方からも土砂を運搬するだけの指導力や強制力が確立したからこそ、古墳という巨大なモニュメントをつくった、と考えるべきではないか。逆に弥生墳丘墓は、墳丘を全て周辺の採土でまかなえる規模にとどまっていたため、箸墓古墳のごとく巨大な前方後円墳にはなりえなかったのだ。したがって、墳丘の巨大さこそが、弥生墳丘墓と古墳とを区別する重要な指標たりうるのではないか、筆者はこのように考えたのである。弥生墳丘墓の例として先にとりあげた、加美遺跡Y一号墳丘墓の墳丘構築方法を復元した趙哲済氏の研究によると、周溝から採土した土量で墳丘盛土は充足できると先に紹介したが、これは小羽山三〇号墓でおこなった先の推測と合致する。

前方後円形の墳丘墓としてしられる岡山県岡山市矢藤治山《やとうじやま》墳丘墓は、発掘調査報告書によると、墳丘盛土が一層程度しかなく、盛土量がきわめてすくない（近藤編一九九五）。吉備地域における弥生墳丘墓の多くが、矢藤治山墳丘墓と同様、墳丘の盛土が少量であることを特徴とする。裏を返せば、墳丘周辺の地形を若干前方後円形に成形した際に削った土だけで、墳丘の盛土は充足可能なことはあきらかだ。このほか、弥生墳丘墓の発掘調査例を検討してみたが、いずれも墳丘の採土を遠隔地から運搬せねばならないような、膨大な量の墳丘盛土を有する例は存在しなかった。このことから、巨大な墳丘であるがゆえに、遠い採土地からも運搬する必要が生じる、先の筆者の推測が、ある程度の確度をもつと確信した。このような見通しに立って、小羽山墳墓群の発掘調査報告書の考察編にて、筆者は、墳丘からみた弥生墳丘墓と古墳とのちがいの一端が盛土量の差にあらわれたのではないかと論じた（青木二〇一〇）。

古墳時代の到来
―古墳の定義―

さて、古墳時代に議論がおよぶ前に、提示しておきたいのが、古墳の定義である。定義がなければ、弥生墳丘墓との区分けがむずかしくなるためだ。早速だが、筆者の考える古墳の定義は、次の通りである。

①外表施設・埋葬施設・副葬品など、各地の弥生墳墓の構成要素を組み合わせた。
②墳丘は、弥生墳丘墓よりもはるかに巨大化し、一定の秩序にしたがって墳形および規模が序列化されている。
③墳丘構築技術は、弥生墳丘墓の技術を引き継ぎつつも、墳丘の巨大化に対応させせた改

良がおこなわれる。

④墳丘周辺以外の場所からも、墳丘盛土用の土砂を採取し、運搬するなど、弥生墳丘墓に比べて築造にかかる人員や地域が大幅に増大し、大規模な土木事業を可能とする労働力が編成された所産である。

このうち、②の一部や④については、その理由を述べてきた。本書では、残る①・③や②の言及していない部分の理由を、次節以降で徐々にあきらかにしていくつもりである。なお前方後円墳の定義については、箸墓古墳の築造を大きな画期とした、福永伸哉氏による優れた所説があるので、あわせて参照いただければと思う（福永二〇一三）。

なお本書の前半は、古墳にかんする土木技術を対象として、話を進めていく。そこで、本論に入る前に、古墳を説明する際に使用する用語のいくつかに説明を加えておこう。

「ヤマト政権」と「ヤマト王権」

白石太一郎氏は、ヤマトの政治勢力を中心にした各地の政治勢力の連合体を「ヤマト政権」、ヤマト政権の盟主である近畿地方にあった王権を「ヤマト王権」と規定した（白石一九九九、七二頁）。本書でもこの規定にしたがい、前方後円墳を築造する有力者同士の政治的な枠組みを「ヤマト政権」、政権運営の中核的存在である大和（今の奈良県）にあった王権を「ヤマト王権」と呼称する。

大型墳　円墳の場合であると墳丘直径四〇メートル以上、前方後円墳の場合は墳丘長六〇メートル以上の古墳を「大型墳」と呼称する。直径五〇メートル規模の円墳は、墳丘の土量からいえば墳丘長七〇メートル程度の前方後円墳に匹敵する（若狭二〇一三）。こうした点をふまえ、墳丘長六〇メートルの前方後円墳、ならびにこれと同等の土量を誇る直径四〇メートル以上の円墳を大型墳としたい。

巨大前方後円墳　前方後円墳のなかでも、墳丘長二〇〇メートルを超える一群をさす。列島初の巨大前方後円墳である箸墓古墳が墳丘長約二八〇メートル、その後の前方後円墳でも最大級となる例は、墳丘長が二〇〇メートルを超えるため、こうした一群に対して「巨大」という語を付した。

有力者　「豪族」と表記することが一般的だが、豪族がいかなる階層の人間をさすのか現状では明確でないため、本書では地域を支配する権力者のことを「有力者」と表記する。福永氏のいうエリート層と同義である（福永二〇一三）。なお、この階層の人物が葬られたと考えられる古墳は、「有力者墓」と呼称しておく。

群集墳　小規模な古墳が群集する古墳群のことをさす用語だが、一般的に「古墳群」とよぶ一群と何がことなっているかといえば、それぞれの古墳が同時多発的に築造される点である。少なくとも、有力者墓が何代にもわたって営まれる古墳群は、同時多発的には造墓せず、一基築造すると次の造墓までは一定の間隔があく。その間隔があまり認められない一群が群集墳となる。群集墳には、先に有力者層とした階層より下の階層の人々が葬られたと考えられ、古墳築造がより広い階層に認められたことの証左ともいえる。言葉を返せば、群集墳は、ヤマト政権が各地の民衆を確実に把握しはじめたことに対応するともいえ、古墳時代後期以降に顕在化し、戸籍の本格的な整備によって全民衆を網羅的に把握した段階で、群集墳の築造は収束していく。日本列島における古墳のうち、九割以上を群集墳が占める。

東日本的工法

前方後方墳と前方後円墳

近畿地方で出現した前方後円墳、一方で東海地方以東に出現した前方後方墳、いずれも西日本と東日本双方を代表する前期古墳のかたち（墳形）であることはよく知られている（図3）。古墳時代の概説書をみると、大抵は前方後方墳が前方後円墳よりも下位に位置づけられている。しかし、これは西日本地域に偏った見方ともいえ、東日本地域でかならずしもこの概念が該当しない場合が多い。

かつて筆者は、東日本における前方後円墳と前方後方墳との墳丘の間に盛土量の違いが認められるか検討した。その結果、同時期の前方後円墳を凌駕するほどの盛土量を誇る前方後方墳が、数多く存在することをあきらかにした（青木二〇〇三）。他方、西日本の前方

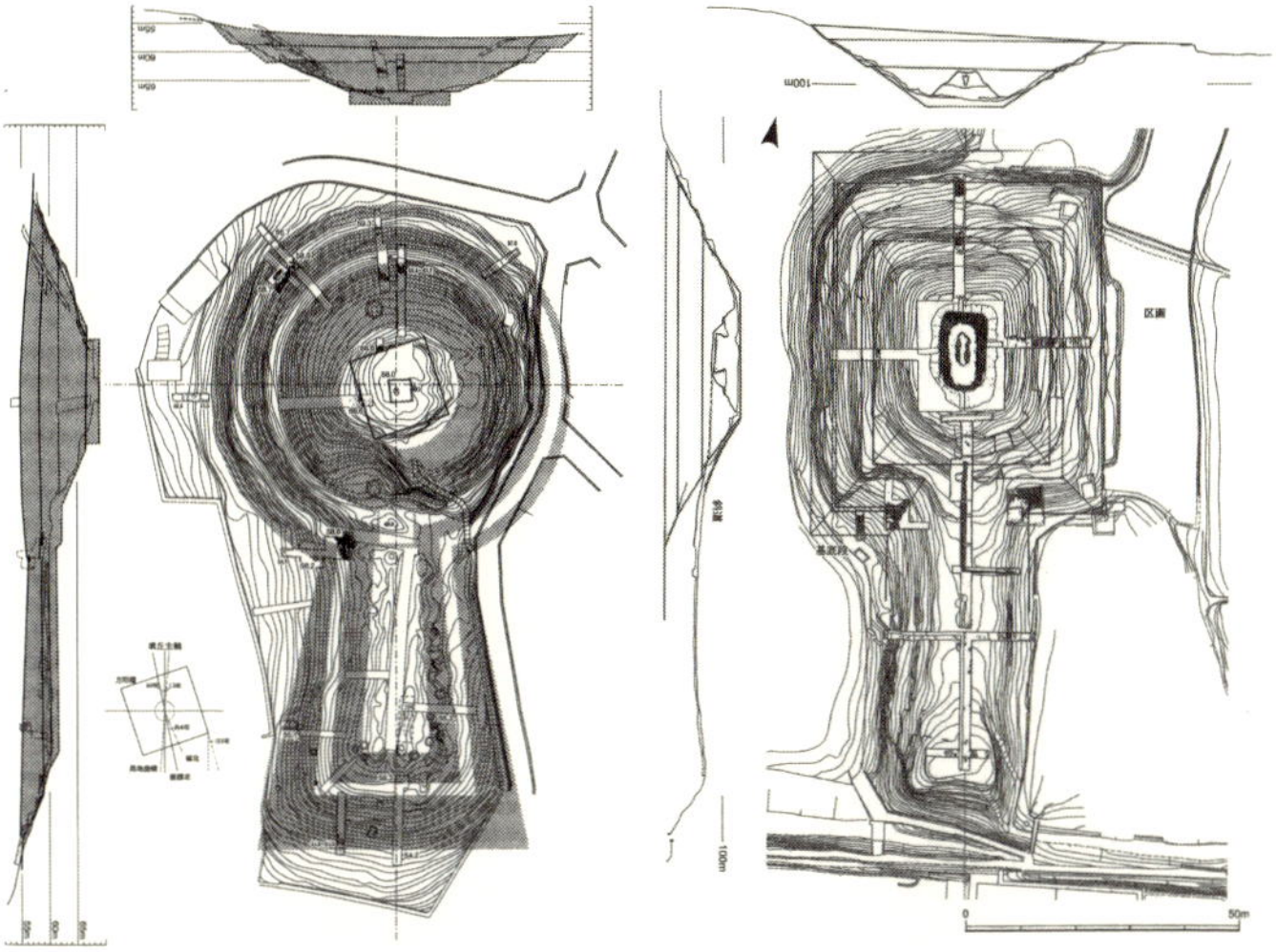

図３　前方後円墳（左）と前方後方墳（右）
左：大阪府柏原市玉手山１号墳、右：奈良県天理市下池山古墳

後方墳は、墳丘の盛土量が同時期の前方後円墳と比べてかなり少なく、あきらかな優劣が存在する。つまり、列島の東西で前方後方墳の階層的位置づけが異なっていたようだ。

前方後円墳は政治的秩序の表現か

古墳からみた古墳時代の政治秩序を語る際、都出比呂志氏の「前方後円墳体制」という概念がよく持ち出される（都出二〇〇五）。都出氏は、前方後円墳という墳形によって政治的地位を表現し、かつ三世紀中頃から六世紀後半にいたる国家の政治的秩序とする。古墳時代を国家段階とみなすべきか議論の余地があろうが、本書は土木技術を基軸とした古代史像の提示をめざすため、目的から逸れる国家論について、これ以上踏み込むことはしない。ただ、前方後円墳が政治的秩序の表現か否かはさておき、前方後円墳が一定の秩序の上で築造された社会は、古墳時代前期前半から西日本の各地に展開していたと考えて大過あるまい。

しかしながら、そうした社会像がそのまま東日本でも適用できるようになるのは、古墳時代前期でも後半以降のことと筆者は考える。古墳時代は、資料的な制約もあって、古墳からみた政治史を語る場合が少なくない。しかし、列島各地を一元化させて論じる割に、古墳という存在は、あまりにも地域性が強いように思うし、葬制という文化について、過度に政治的側面ばかりをことさらに強調するのは、やや危ういといわざるをえない。

その最たる例が、墳形である。高句麗《こうくり》・百済《くだら》・新羅《しらぎ》・加耶《かや》の墳墓をみても、墳形は方墳《ほうふん》ないしは円墳《えんぷん》でほぼ一定する。新羅の古墳をみると、巨大な墳丘の周辺を小規模な墳墓が取り巻いており、墳丘の規模や構造で明確な差別化が図られている。他方、日本列島のように多様な墳形が各地で併存し、冒頭でふれた東日本の前期古墳では、前方後円墳と前方後方墳とが規模の面で明確に差別化されない。つまり古墳時代の到来によって、列島各地の有力者が、あるひとつの秩序の下に編成されたとみなすのは、一考の余地がある。

無論、バラエティーに富んだ墳形、そこから階層構造を語ること、言いかえると古墳の形状の違いを、階層構造の面から議論することは、重要な論点だ。しかし、墳丘はどういった技術でつくられたか、またその技術は、地域や時代に応じて特徴が抽出できるのか、といった墳丘を解剖してみえてきた要素も、階層構造の分析に勝るとも劣らず重要だ。たとえば、遠くはなれた古墳同士、あるいはまったく墳形が異なる古墳同士でも、実は解剖してみると、つくりかたがまったく同じだった場合、いかに解釈すべきか。

ひとつは、遠隔地間における交流が存在したことを示唆する証拠となり、隣接地域の影響ばかりを重視しがちな地域史に一石を投じることにもなる。また、階層差以外にも古墳を説明する糸口をつかむきっかけとなるかもしれない。古墳築造を指導した技術者がいくつかの系統に分けられ、各系統がどのようにして各地に展開したのか復元することで、従来にない古墳同士の共通性あるいは差異が把握できる可能性がある。解剖学的に古墳を分析することでみえてくる歴史にスポットライトを当てること、ここに狙いを定めて、古い時期の古墳、すなわち前期古墳から順に、墳丘に用いられた土木技術を概観してみよう。

宝莱山古墳の調査

東京都大田区田園調布、西の芦屋《あしや》と並び称される、いわずと知れた高級住宅地だ。田園調布駅から南西方向へしばらく歩いていくと、坂のむこうに小高い丘がみえてくる。ここが、多摩川台公園の北端に所在する東京都指定史跡宝莱山《ほうらいさん》古墳、推定墳丘長九七㍍《メートル》、東京都下有数の前方後円墳である（図4）。宝莱山

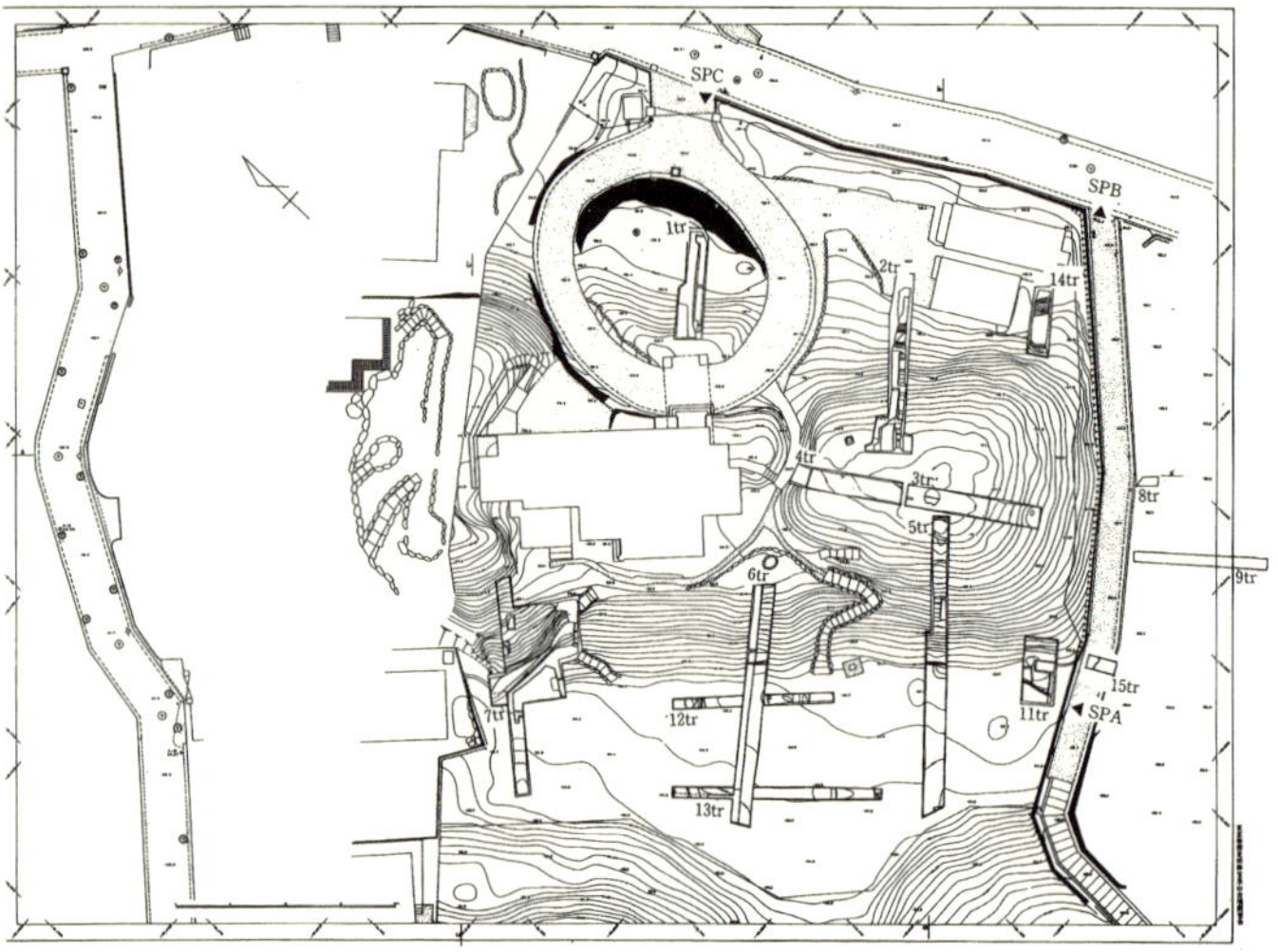

図4　宝莱山古墳

左側の空白部分が戦前に破壊された後円部

古墳から南東へ一〇分も歩くと、やはり東京都を代表する大型前方後円墳である史跡亀甲山《かめのこやま》古墳（墳丘長約一〇七メートル）が所在し、一帯は多摩川台《たまがわだい》古墳群という名の古墳群を形成している。

一九九五年夏、大学二年生だった筆者は、公園整備にともなう宝莱山古墳の発掘調査に参加することになった。人生初の前方後円墳の調査、毎日期待に胸躍らせ現場に通い、現場では、先輩方が時に厳しく、ある時には温かく発掘調査技術を指導してくださったことなど、数多くの思い出が去来する、筆者にとって印象深い発掘調査のひとつだ。家と古墳の往復、距離にして数十キロを自転車で通ったこともなつかしい。

調査は順調に進み、やがて前方部の頂部から古墳築造当時の地面付近まで深く掘り下げたトレンチの断面図を先輩たちと作成することになった。トレンチの深さは、墳頂部から五《メートル》弱、それは壮観だったが、なによりも筆者を驚かせたのが、地山から何層にもわたって積み重ねられた墳丘の盛土だ。地山であるロームとその上に展開していた黒土とを実に細かく丁寧に盛土していた古墳時代の仕事ぶりに圧倒されつつ、必死に図面を描いたことが忘れられない。もちろん、この時点で、まさか自分が古代土木技術の研究を志すことになろうなど、思う由もない。

墳丘のつくりかたに地域差

発掘調査から二年半がたち、宝莱山古墳の報告書が刊行され、報告書を手にとって、掲載された前方部のトレンチの断面図を改めて眺めていると、あることに気づいた（東京都指定史跡宝莱山古墳調査会一九九八）。それは、墳丘の盛土をどういった順番でおこなったかという点である。当時、古墳時代の研究成果をシリーズ化した『古墳時代の研究』の七巻では、墳丘と内部構造をとりあげ、そのなかで茂木雅博氏が、福岡県小郡《おごおり》市三国《みくに》の鼻《はな》一号墳の例を紹介しておられた。そこにある記述や発掘調査報告書によると、三国の鼻一号墳では墳丘盛土をする部分を平らに整形し、その直上に粘性の強い土を敷き詰め、後円部に盛土による土手をめぐらせてから内側へ盛土するという（茂木一九九二）。ところが宝莱山古墳では、すくなくとも前方部をみるかぎり、後述する「土手」らしき単位が認められない。となると、同じ前方後円墳でもつくりかたが違うのではないか、これがまず筆者が立てた仮説だった。

この仮説をもとに、列島各地で古墳の墳丘断面が調査された例を捜索した。すると、「土手」らしき盛土の単位がうかがえる例は、西日本各地の古墳、それも各地の有力者が葬られていた可能性が高い大型の古墳に顕著であることが分かってきた。一方で、「土手」をつくらない墳丘の例は、先に掲げた宝莱山古墳など、東日本各地に集中することも同時にあきらかになってきた。墳丘をつくると一概にいっても、つくる技術は、列島の東西で差がありそうだ。

当時の筆者は、修士論文作成の只中で、これで分析視点がようやくみいだせたと喜び勇んで、指導教員である吉田恵二先生に早速報告しようと、先生のもとへ参上した。

「……先生、以上の例から墳丘構築技術に地域差が把握できそうです。いかがでしょうか？」

吉田先生は、煙草に火をつけながら、おもむろに、

「んー、前方後円墳は後円部を先につくるやろ。それから前方部を付け足すような構築順序はたしかにあるわな。せやけど、古墳はできあがったかたち、いうたら『見た目』が

重要なんや。見た目を重視するんやから、見えない内側のつくりかたに規則性があるんかなあ？　盛土の順番で、地域性がいえるやろか」との仰せ。

筆者の思いつきは、ぬか喜びだったか。すぐさま反論できなかった自分が情けなかった。たしかに先生がおっしゃる疑問も一理ある。その疑問にこたえるには、本当に古墳づくりに地域性が認められるとの確証をえることが先決だ。そして、古墳のつくりかたが一定の歴史的意義を見出す要素となる、と断言できるか、さらに類例を収集し、筆者が目指す研究の方向性が間違っていないことを検証してみよう。検証ができれば、再度吉田先生に意見をぶつけてみようと誓った。そうして、各地の古墳の発掘調査報告書とにらめっこする日々が続いたのだった。

東日本でも異なる墳丘のつくりかた

やがて、古墳の構築技術がわかる例の収集も三ケタを超え、事例を比較していくうちに、どうも東西日本で墳丘のつくりかたが相違することはほぼ間違いない、と確信した。あらためて事例をもとに吉田先生に報告すると、筆者が持参した墳丘の断面図に目を落としつつ、先生は「よっしゃ。なら、それでいけぇ」と、今度は筆者の意見に賛同してくださった。恩師の言葉は短かったが、やはりうれしかった。

ただ、さらに類例の探索を続けるうちに、様相はそれほど単純ではないこともわかってきた。というのも、「土手」をもたない古墳とはまたちがった特徴を有する古墳の存在を知ったためである。列島の東西で墳丘のつくりかたが異なる、そこまではいえそうだ。しかしながら、こうした傾向は、特定の時期に集中する可能性があるのかもしれない。

それは、仙台市裏町《うらまち》古墳の報告書を手に取ったときのこと。裏町古墳は、古墳時代中期の前方後円墳とされ、墳丘長約四〇メートル、後円部の高さ約四・五メートル。その墳丘断面図には、あきらかに「土手」と思われる単位、さらにその「土手」と同じ高さで盛土をいったんそろえ、その上も同様な工程を三、四回くりかえして墳丘がつくられたことが明瞭だ（仙台市教育委員会一九七四）。裏町古墳は東北地方の中期古墳であることから、それまでの見通しとは異なる例としてあらためて評価する必要があるなと感じた。さらに類例探索をするうちに、千葉県市原市大厩浅間様《おおまやせんげんさま》古墳（円墳、古墳時代前期末頃、墳丘直径約五〇メートル）など、東日本各地に「土手」をつくる古墳の例があることを突き止めた（市原市教育委員会・市原市文化財センター一九九九）。これらの古墳の存在がわかった今、解釈の見直しが必要だ。東日本であっても、前期末から中期の大型古墳には、宝莱山古墳とはちがう西日本の古墳に類似する例があるようだ。これらの例をいかに評価すべきか、さらなる課題がうかんできたが、詳細については、もう少し説明を進めた上で、中期古墳の項であらためてふれたい（七〇頁）。

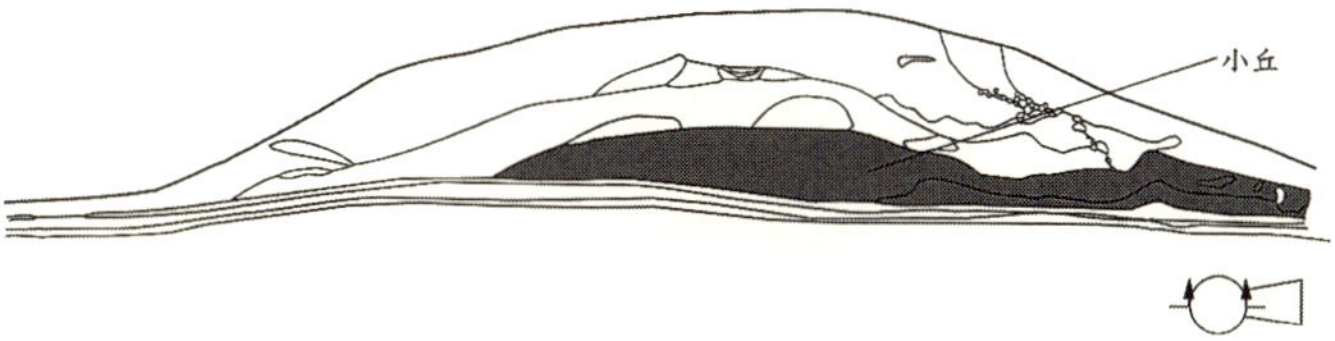

図5　東日本的工法の墳丘断面（赤門上古墳）

さて、話をいったんもとに戻し、東日本の古墳のうち、「土手」を設けない墳丘のつくりかたが判明した例について、ここで紹介しておこう。

東日本的工法の定義

先に紹介した宝莱山古墳以外には、静岡県浜松市赤門上《あかもんうえ》古墳（前方後円墳、古墳時代前期、墳丘長五六・三メートル、図5）、長野県千曲市森将軍塚《もりしょうぐんづか》古墳（前方後円墳、古墳時代前期、墳丘長約一〇〇メートル）、千葉県市原市菊《きく》間《ま》新皇塚《しんのうづか》古墳（前方後方墳か、墳丘長四〇メートル以上）、辺田《へだ》古墳群一号遺構（辺田一号墳、円墳、墳丘直径二二・二メートル）などが代表例である。同時にこれらの古墳は、いずれも古墳が所在する地域で最初の大型墳、あるいはそれに準ずるクラスの古墳という共通点がある。

そして、ここで例示した古墳の土木技術からみた特徴は、いずれも墳丘中心付近から盛土を開始する、人間でいえば背骨にあたる部分からまずつくりはじめる点だ。その後、中心部分におこなった盛土——これを「小丘」とよぶ——に、墳丘外縁付近および墳頂まで順次肉付けしていくように盛土を付加する。言い換えれば、内側から外側へと墳丘をつくる工法ともいえる（図6）。筆者は、こうした墳丘づくり

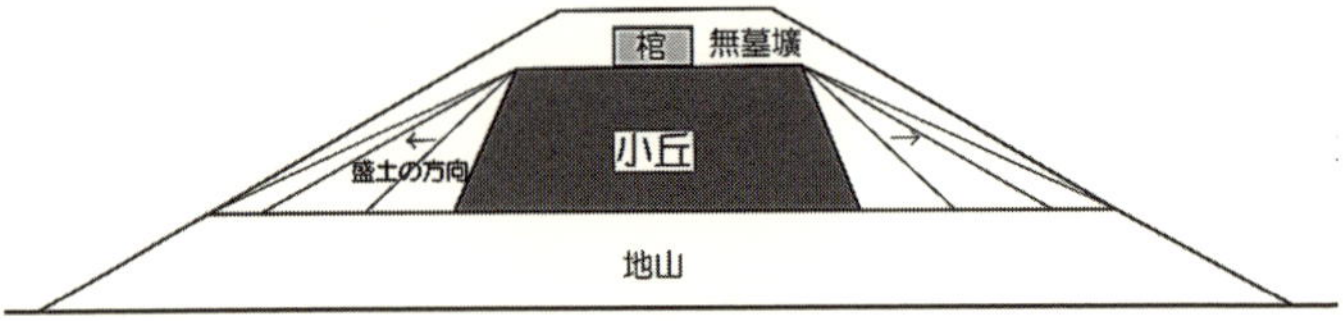

図6　東日本的工法の模式図

の技術を、東日本的工法と規定している（青木二〇〇三）。類例の墳丘規模などからみて、東日本的工法を採用する古墳は、有力者が葬られた古墳であった可能性が高く、小規模な古墳をつくる技術とは一線を画していたのかもしれない。つまり、東日本の有力者間では、広域におよぶ古墳づくりの技術を共有した、いわば有力者同士のネットワークが存在したことを暗示している。

墓坑の有無と墳丘構築技術

東日本的工法について、右のように定義づけたわけだが、ここでもう一点忘れてはならない点をあげておこう。というのも、東日本的工法を用いる古墳は、墓坑を有する例が稀少なのだ。図5に例示した赤門上古墳の墳丘断面をみても、墳頂部から掘り込んだ墓坑《ぼこう》とおぼしきラインはみとめられない。宝莱山古墳は昭和初期に後円部が破壊されてしまったが、その際みつかった埋葬施設を撮影した古写真をみても、やはり埋葬施設周辺に墓坑らしき断面は写っていない。

古墳では、往々にして大きな穴の中に埋葬施設を設置する。この穴を墓坑とよぶが、墓坑もいったん完成した墳丘を掘り込む場合と、周辺を盛土することで空いた中央部のスペースを用いる場合がある（和田二〇一四）。前者の場合、墳丘ができあがってから大きな穴を掘ることになる。すなわち墓坑は、構造上、古墳築造の最終局面で設定されることが多く、墳丘は埋葬以前におおよそ完成していた可能性が高い。となると、亡骸を埋葬するという行為が発生する前から、古墳の築造を開始していた、つまり被葬者の生前から、ある程度古墳をつくっていたことになる。これを生前墓という（青木二〇〇九）。

一方、墓坑がない古墳は、墳丘の完成前に埋葬を終える。仮に生前から古墳をつくっていたとしても、納棺する面でいったん古墳づくりは中断し、被葬者をおさめた棺を安置し、納棺後その上に盛土する。ただ、東日本的工法を採用する古墳では、盛土の途中でその上部を平らに整えた痕跡がほとんどない。さらに、墓坑を有する古墳は、墓坑の法面《のりめん》が急傾斜であることから、法面の安定に一定期間養生する必要があるという。すなわち、墓坑を掘削してから、埋葬にいたるまでのしばらくの間、古墳が放置された状態になるということだ。放置すれば、その間に墓坑の斜面に草が生えたりもするだろう。その場合、古墳の築造を中断した面に草が自生し、その上にそのまま盛土すると、いずれ草は土に帰り、黒っぽい腐葉土の層ができる。古墳を発掘調査して、盛土の間に腐葉土層がみつかれば、古墳の築造を中断した動かぬ証拠となる。実際にこうした土層を検出した例もある。

ところが、こうした層がまったく検出されず、なおかつ埋葬施設周辺を平坦に整備していない東日本的工法の例の多くは、もしかすると一定の期間築造を中断するといった行為がなかったのではないか、と考えられなくもない。となると、東日本的工法を採用した古墳では、盛土→埋葬→盛土という一連の工程を連続しておこなった可能性もあるわけだ。つまり、古墳はいずれもみな生前墓だ、とひとくくりにしてしまうのではなく、有力者の死後、古墳の築造を開始した可能性も念頭におく必要がある、と筆者はいいたいのだ。

墳丘構築技術と葬制

以上、有力者の生前から墳丘づくりを開始する古墳、そうでなく有力者の死後、急ピッチで造墓をおこなう古墳、古墳といっても埋葬にいたるプロセスが異なるケースもあるのではないかという可能性を指摘した。と同時に、後者の例は、東日本的工法を採用した古墳にもとめられるのかもしれない。もし、この推定が正しければ、墳丘をつくる技術の違いは、埋葬方法のちがい、すなわち葬制のちがいも同時に映し出すことになる。技術をたんに整理してならべて終わり、ではなく、技術の裏にひそむ当時の人々の意図や観念なども復元できれば、古代の土木技術の世界は格段にひろがっていく。ここに、技術を丹念に解きあかす妙味がある。

西日本的工法

東日本と異なる墳丘構築技術

次に、西日本の前期古墳の墳丘はどのようにしてつくられたのか、墳丘構築技術を検討してみよう。先に述べたとおり、東日本的工法は、墳丘の内部中心に「小丘」を設け、それに肉付けするかのごとく盛土することで墳丘をつくるのだが、西日本における墳丘構築技術はまったくちがう。これも先にふれたが、西日本の墳丘構築技術を特徴づけるのは、墳丘の外表付近にめぐらす「土手」である。「土手」という別の意味をもつ呼称をそのまま使うのはさすがに違和感があるため、土手と形状が類似するとの意味合いもふくめ、以後「土手状盛土」と表記する。

西日本の前期古墳には、土手状盛土が存在すると説明してきたが、これ以外にも特徴的な技術がみうけられる。それは、整地土だ。古墳をつくる予定地にいきなり盛土するので

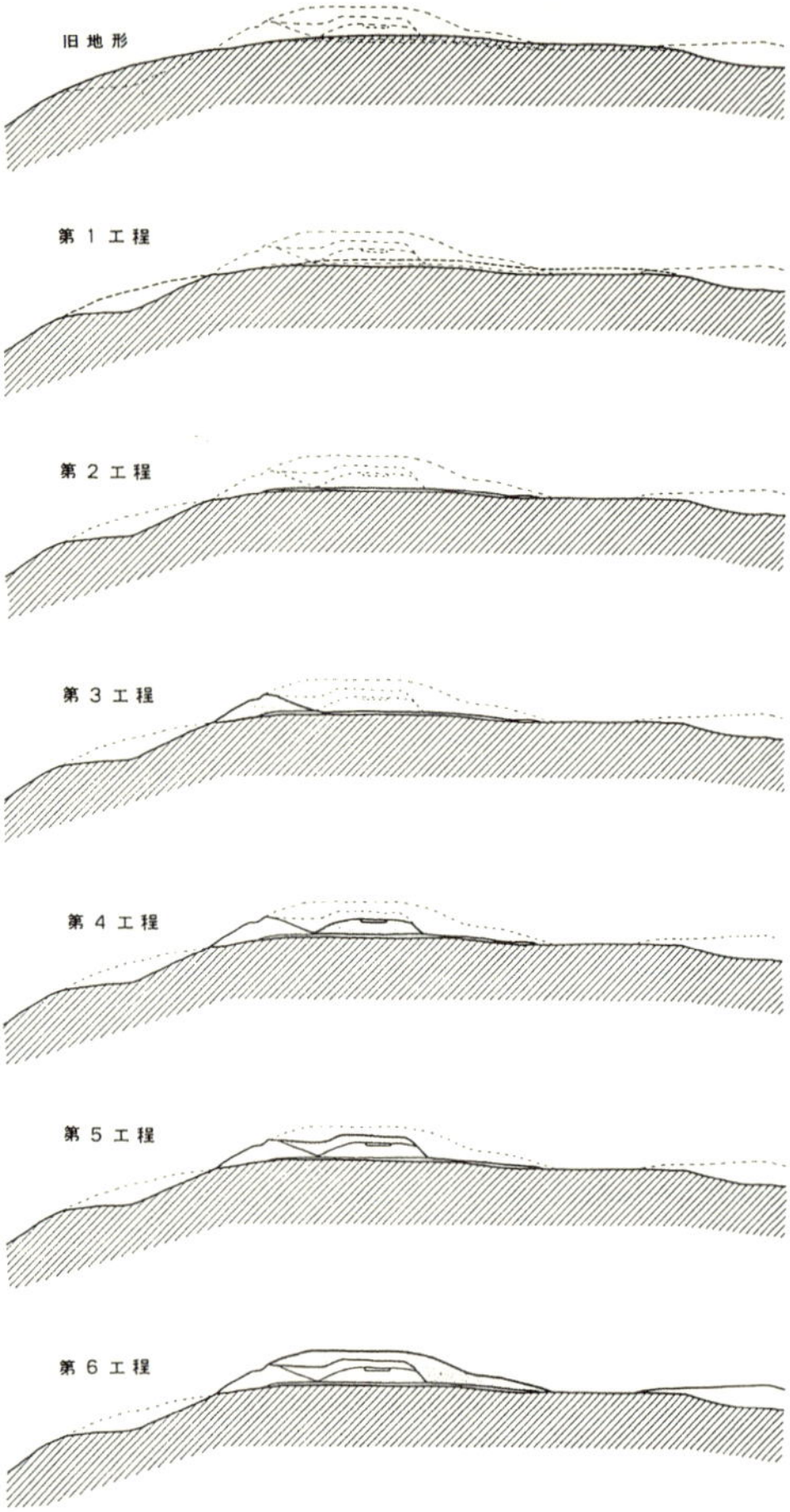

図7　三国の鼻1号墳の構築順序
図中央付近が後円部、右側から後円部へ進入し、盛土したと考えられる。

はなく、墳丘下部を削り出したのち、上面を整地してから盛土するのだ。ただし整地土は、古墳によってある場合とない場合とに分かれる。兵庫県新宮東山《しんぐうひがしやま》一号墳は、土手状盛土がめぐる点は、西日本の古墳の特徴そのものだが、整地土が存在しない（龍野市教育委員会一九九六）。この古墳の規模を考えると、一辺が一二・五〜一五メートルほどの小型の方墳であり、一〇〇㍍《メートル》を超えるような大型前方後円墳に比してかなり小さい。となると、整地土をもたないといった工法上の省略は、古墳の墳丘規模ともかかわってくるのかもしれない。

さて、整地をすると、土手状盛土を墳丘外表付近にめぐらす。ただし、全周させてしまうと、その内側へ盛土する作業が大変になってしまうため、多くの土手状盛土は、全周させずに掘割状に作業用の通路を設け、土手状盛土によって囲われた内部へアクセスしやすい工夫を凝らす（図7）。続いて、土手状盛土に仕切られた内側の空間に盛土するが、その内側におこなう盛土には、水平積みと、土手状盛土の斜面から流し込むように盛土する方法、二種類の方法が存在する。土手状盛土の斜面に流し込むように盛土する方法だと、作業する人々が土手状盛土の頂部まで登り、そこから土を流し込んでいくだろうから、先に述べた土手状盛土を連結させずに隙間をあけて、そこを作業用通路とする必要はない。一方、水平積みの場合は、土手状盛土で囲われた内部空間まで入って盛土することになるため、土手状盛土が全周しない。つまり、これら二種類の異なる方法は、土手状盛土構築後の作業工程にちがいがあったことを示している。

一例をあげると、神戸市五色塚《ごしきづか》古墳（墳丘長一九四㍍《メートル》、四世紀後半）は、いわゆる「佐紀《さき》陵山《みささぎやま》型」前方後円墳（奈良県奈良市佐紀陵山古墳と墳丘の形状が酷似する前方後円墳）のひとつである。そして、この類型の前方後円墳が、その後の畿内四至に近い位置に分布し、畿内という観念が意識されはじめた証左ともいえる大型前方後円墳として重要な位置づけにある（下垣二〇〇五）。五色塚古墳、先述した新宮東山二号墳は、土手状盛土を構築後、墳丘中心付近に盛土し、その盛土の上から土手状盛土に向かって土砂を流し込むように盛土する。また土手状盛土の高さは、〇・二～〇・六メートル強、墳丘規模に比例してやや小さく、低い（龍野市教育委員会一九九六）。しかし、五色塚古墳の土手状盛土は、高さ約〇・七～一・五メートル程度と、新宮東山二号墳とくらべて高くなり、内側の盛土を水平に積む（神戸市教育委員会二〇〇六）。先ほど紹介した三国の鼻一号墳は、土手状盛土の高さが約一・四メートルと、五色塚古墳と大差ない規模であり、かつ水平積みをとる。結局、水平積みにするか、はたまた流し込むように盛土するかは、土手状盛土あるいは墳丘の規模とかかわっているようだ。先述した整地土の有無もふくめて、墳丘規模に応じて墳丘のつくりかたを変えていた、と考えておきたい。

西日本的工法の定義

ここまでの説明を要約しておこう。西日本各地に分布する古墳の多くは、墳丘予定地を整地したのち、土手状盛土を配し、その内側に土手状盛土と同じ高さまで盛土する。あとは同じ工程の繰り返しだ。先に盛土して平坦になった上部に、ふたたび土手状盛土を構築し、その内側へ盛土する。

一部の例では、はじめに外側から盛土を開始したのち、その上へさらに盛土する際に、

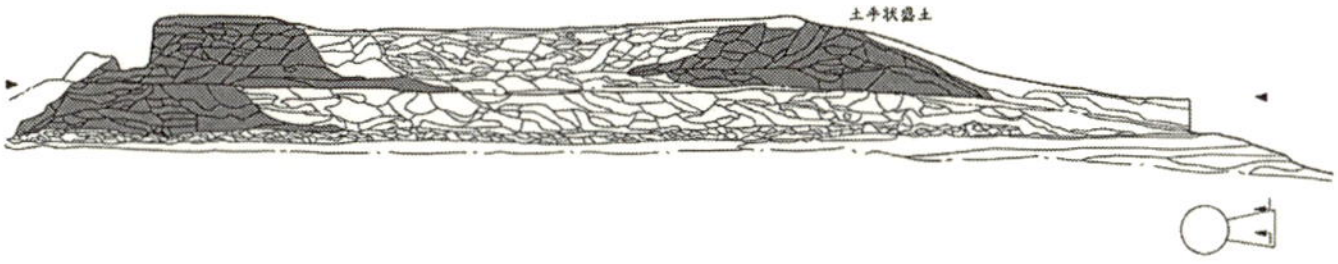

図８　西日本的工法の例（堺市百舌鳥大塚山古墳）

今度は逆に内側から盛土を開始する例も存在する。つまり、盛土する方向を盛土する単位に応じて変える古墳が存在する。こうした例は、古墳時代前期末~中期の古墳に多く、一方向からの盛土で墳丘を完成させる前期古墳より強固な墳丘とするため、中期以降、高さに応じて盛土の方向を変えるという技術的な改良をほどこした結果と考えたい（図８）。

いずれにせよ、テーブルマウンテン状（壇状）の盛土を上方へ何回か繰り返すことでひな壇状とし、墳丘を完成させる点が、西日本の古墳における墳丘構築技術の大きな特徴といえる。それでは、ここまで概観してきた西日本の前期古墳における墳丘の構築順序を整理しつつ、その特徴を示しておこう（図９）。

①墳丘盛土に先行して、墳丘予定地内に整地をおこなう。
②整地土の上に土手状盛土をめぐらせる。
③次いで、土手状盛土の内側に盛土し、土手状盛土の上端にあわせるように平坦にし、壇状とする。
④壇状にした盛土の上部へ、さらに壇状の盛土を垂直方向へ追加し、これを繰り返すことで墳丘を完成させる。

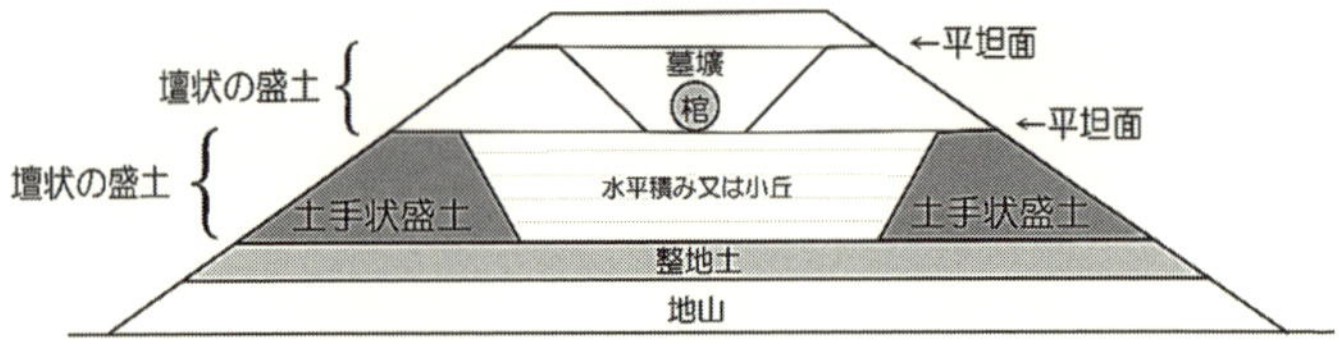

図9　西日本的工法の模式図

以上が、西日本の前期古墳に顕著な墳丘構築方法の実際であり、東日本的工法と対比するため、西日本的工法と規定しておく（青木二〇〇三）。ただし、墳丘の規模によって①が省略される、あるいは③の盛土方法が異なるなどの小異があり、それが墳丘規模に応じて差別化されていた可能性がある。

東日本的工法・西日本的工法いずれであろうとも、広い地域に共通する技術である。ということは、ある場所で有力者の古墳をつくるとなった場合、古墳の墳形などの情報とともに墳丘構築技術も伝わった、つまり古墳の築造を統括する、いわば指導的立場にある技術者は、いくつかの地域にまたがって古墳づくりを指導したと考えることも可能だ。指導的立場の人間が横断的に古墳築造を指導する、ということは、古墳時代前期には技術者の派遣を可能とする各地有力者間のネットワークが構築されていたことになる。

明瞭な地域性

以上、前期古墳について説明してきたことを端的にいえば、墳丘構築法からみた前期古墳は、列島の東西で地域性が明瞭だ、という一言に尽きる。これまでのおさらいを兼ねてまとめると、東日本的工法が採用された地域では、その地域内に古墳をつくる技術が共有化されていたことになり、西日本的工法を用いた地域では、やはりその地域内で古墳づくりの技術がシェアされていた。つまり、東西日本では、それぞれ異なる有力者間のネットワークが存在した可能性が高い。

先にふれた福井県小羽山墳墓群に隣接して、小羽山古墳群が所在する。小羽山古墳群では、二号墳・七号墳・八号墳では西日本的工法を採用するのに対し、四号墳では東日本的工法を用いることが発掘調査によってあきらかになった（清水町教育委員会二〇〇二）。両方の工法が併存する小羽山古墳群、ということは東西両工法がクロスする地域が、日本海側であればいわゆる越のクニであったことになる。他方、太平洋側ではどこが境界となるのかというと、おそらく濃尾平野あたりと考えられる。後述するが、岐阜県の象鼻山《ぞうびさん》一号古墳や花岡山《はなおかやま》古墳など、西日本的工法を採用した前期古墳は、少なくとも現在の岐阜県付近まで広がっていたことが確実だ。問題なのは、西日本的工法が現在の愛知県域まで広がっているのか否かである。墳丘がよく残る前期古墳の発掘調査例が少ない現状では、なんともいえないところだが、古墳時代前期段階では、西日本的工法が愛知県まで到達していなかった状況もありうる。それは、東日本の各地と政治・経済などで連携し、近畿地方の勢力とは一線を画する勢力が愛知県付近に存在したと筆者は推定するためだ。

白石太一郎氏は、弥生時代末に狗奴国《くなこく》連合が濃尾平野を中心とする地域に存在していたと推定し、邪馬台国《やまたいこく》連合のような政治連合が東日本に展開していたと説く（白石二〇〇〇）。白石氏の説をとると、弥生時代から続く列島の東西における地域的対立関係が古墳時代にも引き継がれ、この構図が墳丘構築技術の地域差にも反映したようにみえる。ということは、東日本各地における有力者たちは、ゆるやかな政治的連帯を有していたのではないだろうか。そして、そのゆるやかな政治的連携は、西日本各地でも大きく変わることはなかったと考える。採用した土木技術の違いは、採用した地域の立場とも大きくかかわると解され、そのまま各地の有力者がとる政治的立場のちがい、すなわちいずれの政治的連携に属していたかを映し出している可能性が高い。

このような地域差は、ただたんに政治的立場のちがいだけを反映したものなのだろうか。筆者は、そうは考えない。政治以外にも、連携しなければならない理由があったのではないかと考える。そこで次項では、有力者同士の政治的な連帯だけでなく、それ以外の理由による連携が、古墳築造の背景にあったと推定できる土木技術にふれてみよう。

低地に古墳をつくる

城の山古墳

新潟県胎内《たいない》市には、城《じょう》の山《やま》古墳という前期後半につくられた円墳が所在する。墳丘の直径が四〇〜五〇メートル、高さ約六メートルの偉容を誇る大型の円墳である。墳丘の大半が盛土で構成され、その総量は約四一四〇立方メートルにおよぶと推定されている（胎内市教育委員会二〇一六）。近年の発掘調査によって残りのよい埋葬施設がみつかり、中から漆塗りの靫《ゆき》（矢をいれて背負う容器）が三点のほか、鉄製の武器や玉類などが出土し、報道などでも大きくとりあげられたので、ご存じの方もいらっしゃるだろう。二〇一四年の初夏、筆者は城の山古墳の墳丘を発掘する報せをうけ、現地に足を運んだ。

まず驚いたのが、その地形的な立地である。現場付近まで来ると、沖積平野の只中に突

図10　城の山古墳

如として小高い墳丘が姿を現した（図10）。調査を担当する胎内市教育委員会の水澤幸一氏に聞くと、古墳築造当時は、周辺より若干標高が高い砂州状の土地に古墳が築かれたらしい。前期古墳は、往々にして丘陵や山際など、起伏のある地形につくられることが多い。先に紹介した前期古墳の多くが、こうした地形に立地する。しかし、城の山古墳はまったく違う。沖積地にこれだけの大きな墳丘を築造可能とする技術とは、はたしていかなるものか。発掘調査現場の見学前から、期待に胸が躍った。

そして、墳丘の断面観察をする目的で設定されたトレンチをのぞいた筆者

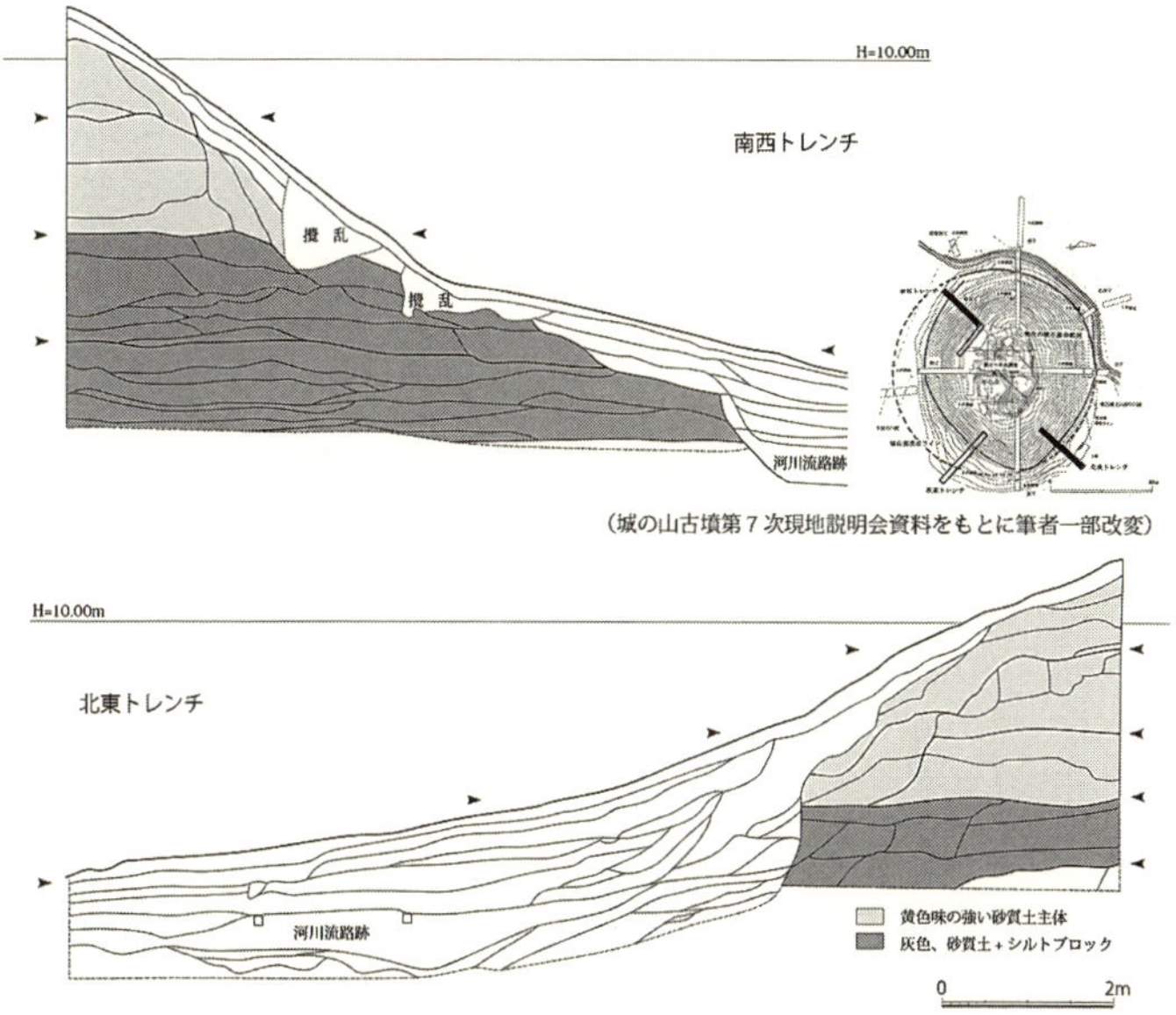

（城の山古墳第７次現地説明会資料をもとに筆者一部改変）

図11　城の山古墳の墳丘断面

には、さらなる驚きが待っていた。なにせ、予想とはまったく異なる墳丘のつくりかただったのだ。

これまで概観してきた類例と異なる墳丘のつくりかたとは一体なにか、具体的にみてみよう。城の山古墳では、墳丘盛土予定地に旧表土を残したまま、水平に盛土することをくり返して墳丘をつくる。一見なんの変哲もない盛土にみえるが、じっくりと観察すると、水平に積み重ねた盛土は、一定の高さまで一挙に土砂を積み重ねており、これを五回くり返すことで墳丘をつくりあげた（図11）。言葉を換えると、城の山古墳の墳丘盛土は、盛土の単位を五つ重ねていた。各単位の厚さは〇・七〜一・二《メートル》、西日本的工法などにみられる墳丘盛土一単位分の厚さは、およそ〇・六〜〇・七《メートル》ほどなので、城の山古墳の単位は、これらの例に比べてやや厚い。特徴的なのは、単位によって使われた土砂の性状が異なる点だ。すなわち、下二つ分の単位は、シルト（粒径〇・二〜〇・〇二《ミリ》）のブロックが主体で、そこに砂質土を混ぜた盛土からなる。残る上三つ分の単位では、砂質土を主体として盛土されていた。つまり、墳丘の上下で使う土砂の性状を変えて盛土していたのだ（青木二〇一六D）。

排水まで考えられていた盛土

まず、下二つ分の単位の盛土をさらに細かく観察すると、一定の間隔で砂質土が水平に盛土されている。シルトはきめが細かく、水を透しにくい性質をもつ。城の山古墳は、水が大量に湧く沖積地に立地する。当然、ここに古墳をつくる以上、水をいかに処理するのかといった課題から逃れることはできない。シルトだけで盛土すると、下から湧き上がってくる水の逃げ場がなくなってしまう。粒が大きく水を透しやすい砂質土を挟み込んでおくことで、こうした水が墳丘の外へ逃げやすくなる。墳丘の内部に水が溜まってしまうと、墳丘の崩壊を招きかねず、排水することで墳丘の損壊を未然に防止することになる。また、上部の墳丘盛土は、砂質土をふんだんに使う。これは、墳丘に降り注ぎ浸透していく雨水を墳丘内にため込むことなく、先のシルト主体の盛土上面まで浸透させてから、墳丘外へ水を逃がすための工夫と理解できる。

これまで概観してきたように、城の山古墳は、水の逃がし方、すなわち墳丘内の排水まで考慮した盛土技術を採用したと判断できる。幾星霜を重ねて今にその姿を残す墳丘、現在にまでその姿をとどめたのは、相応の理由がある。これこそ当時の人々が、自然の営力に対して鋭い洞察力をそなえていたことの動かざる証左である。

技術的淵源をもとめて

しかし付近の古墳をみても、城の山古墳のつくりかたと類似する例はない。そもそも、近隣にそれと思しき古墳自体がみつかっていない。であれば、城の山古墳をつくった土木技術は、はたしてどこから来たのだろうか。類例をあれこれ探索するうちに、よく似た例があったことをふと思い出した。城の山古墳とおなじ沖積地につくられた古墳時代前期後半の古墳、それは濃尾平野にあった。

濃尾平野の北、岐阜県大垣市に所在する矢道長塚《やみちながつか》古墳、推定墳丘長九〇㍍、前期につくられたとされる、古墳時代前期後半の大型前方後円墳である。以前この古墳を調べた時、報告書に掲載された墳丘の断面図を見て、ずいぶん水平に盛土している印象があったため、なんとか思い出すことができたのである（大垣市教育委員会一九九三）。

矢道長塚古墳

矢道長塚古墳の盛土は、砂礫土《されきど》、褐色系の土、粘質土を互い違いかつ水平に積み上げていく。盛土に使われた土砂などは、いずれも古墳の周辺を掘削すると採取できるもので、墳丘を構築する際に、周辺から採土されたにちがいない。水平積みという技術や、粘性の強い土の間に砂礫土を入れた盛土のありようは、城の山古墳のそれと類似する。また矢道長塚古墳の地形的な立地環境は、相川《あいかわ》と大谷川《おおたにがわ》によって形成された扇状地内の微高地であり、これまた城の山古墳とよく似ている。

花岡山古墳

矢道長塚古墳が所在する岐阜県大垣市には、花岡山古墳という前期前半の前方後円墳が存在する。この花岡山古墳は、丘陵上につくられているのだが、以前実施した発掘調査成果を参照すると、墳丘の断面にあきらかな土手状盛土が認められ、土手状盛土の上端までその内側を盛土し、いったん平らにしたのち、その上部を同様な手順で盛土していく、まさに西日本的工法そのものだ（大垣市教育委員会一九七七）。さらに大垣市の西側、岐阜県養老町に所在する象鼻山《ぞうびさん》一号墳（前方後方墳、前期初頭、墳丘長約四〇㍍）も、西日本的工法が採用されている。古墳時代となって、有力者が大型の古墳をつくるようになった頃、濃尾平野の北部では、すでに西日本的工法を用いた古墳づくりがはじまっていた。

さて、先に弥生墓の項で述べたことを思い出してほしい。西日本的工法は、河内平野の弥生墓ではじまった技術であり、沖積平野に墳丘をつくる技術として西日本的工法を評価したはずだ。しかし、濃尾平野北部で西日本的工法が採用された古墳をはじめ、各地の西日本的工法を取り入れた古墳は、その多くが丘陵や山塊などの尾根線上に立地する。つまり、西日本的工法は、弥生時代の沖積地で編み出された土木技術であるにもかかわらず、古墳時代になると、それとは正反対の地形的環境で使われることがもっぱらとなったのである。ここで取り上げている花岡山古墳は、その代表例である。

沖積地の墳丘構築技術

筆者がなにをいいたいのか、もうお気づきになられた方もいらっしゃるかもしれない。西日本的工法が、丘陵などの比較的標高の高い安定した土地に築く古墳構築技術へと変貌をとげたため、前期古墳としてはかなり異色の立地となる沖積地に古墳をつくる際、新たな土木技術を編み出す必要が生じた。それは、西日本的工法の由来を知らなかったためだろう。そこで濃尾平野北部では、周辺の土砂を採取して、粘性の強い土と水はけのよい砂礫土とを、交互かつ水平に積み重ねる技術を創案し、矢道長塚古墳を築いた、このように矢道長塚古墳の墳丘構築技術を評価したい。

農業生産と古墳

古墳には、往々にして周濠《しゅうごう》とよばれる堀状の施設が墳丘の周囲をめぐる。古墳時代の濃尾平野は、水田農耕をはじめ農業生産がさかんだったことが知られている。灌漑施設をともなった水田経営を行う場合、用水路の整備などが必要となり、水路の掘削などで大量の土砂がえられる。もし、こうした土砂を採用する、あるいは周濠の掘削で確保した土砂によって墳丘をつくったと考えると、農業生産と古墳築造という、一見すると無関係な事業同士に関連がみいだせる。つまり古墳の築造には、その背後に古墳をつくった各地の経済的活動ともかかわっていた可能性を指摘しておきたい。

可耕地が限定的であった時代、田畑を営むことが比較的容易な沖積地にわざわざ古墳を築くことは、その地域の経済力強化に水を差す行為になりかねない。だからこそ、非可耕地であった丘陵などにもっぱら前期古墳は築かれたのであろう。にもかかわらず、矢道長塚古墳は、あえてその沖積地に大型の墳丘を築いた。現在、この理由について断定できる証拠を持ちあわせていないが、想像するに、農業生産基盤の整備にともなって発生した土砂などを古墳づくりに利用する利便性、生産地あるいは集落などの居住地と接する場所に古墳をつくる重要な意味あいの両者が重視され、沖積地という地形的条件の場所でも古墳がつくられたのではないだろうか。あえて強弁すると、経済的側面が強調される古墳こそ、沖積地に立地する古墳がもつ特質なのかもしれない。

もう一度、話を城の山古墳に戻そう。墳丘構築技術が城の山古墳と類似する同時代の古墳として、矢道長塚古墳をとりあげた。それでは、四〇〇キロもはなれた岐阜県と新潟県の古墳構築技術が、なにゆえ類似するのだろうか。理由の一端を探ってみよう。

城の山古墳と濃尾平野

これも確証が得られないため、現段階では推定にとどめざるをえないが、筆者は東海地方の勢力と新潟平野（蒲原平野）の勢力との間でなんらかのネットワークがあったとみている。理由は、もちろん墳丘構築技術が酷似することだが、実はこのほかにも東海地方との関係を示唆する遺物が城の山古墳から出土している。それは、装身具に用いられた緑《りょく》色凝灰岩製管玉《しょくぎょうかいがんせいくだたま》であり、酷似した材質の個体が先述した長塚古墳から出土しているのだ。これら管玉は、福島県会津坂下町宮《みや》ノ北《きた》遺跡で製作されたとする推定があるが、その当否はともかく、東海地方とのかかわりを暗示する資料が城の山古墳に存在する点は無視できないだろう。東海地域との関連をうかがう二つの要素から、筆者は東海地方と城の山古墳がつくられた新潟平野との間に、なにかしらの関係をみいだしたい。

もちろん、そのネットワークが両地域間を直結する関係でもよいのだが、もしかするとその間に上野《こうづけ》（群馬県）など、関東地方の勢力が介在する可能性も否定できない。いずれにせよ、直接・間接の差はあろうとも、双方の地域になんらかの接点があった可能性は高い。

そしてその接点は、沖積地の開発というキーワードによって説明が可能となる。沖積地開発における技術供与の一環として、灌漑施設整備で発生した土砂を墳墓づくりに応用する、こうした脈絡で沖積地の古墳をとらえると、政治的所産という性格ばかりが強調されてきた古墳観に一石を投じ、従来の「古墳とはなにか」という議論とは一線を画した理解を導き出すこともできるはずだ。

脆弱だった東西の融合

古墳時代中期

巨大化する前方後円墳

多様な墳形と墳丘の側面観

日本列島における古墳《こふん》の特徴のひとつに、墳形の多彩さがある。中国や朝鮮半島の古墳が方墳《ほうふん》や円墳《えんぷん》で占められるのに対し、日本列島では前方《ぜんぽう》後円墳《こうえんふん》や前方後方墳《ぜんぽうこうほうふん》が築造され、それに円墳・方墳、稀少な例であれば双方中円墳《そうほうちゅうえんふん》や双円墳などが認められ、前方後円墳の築造が終焉を迎えたのちの古墳、すなわち終末期古墳でも、大王墓は方墳になり、その後八角墳《はっかくふん》へと変化するが、このほかにも上円下方墳《じょうえんかほうふん》など新たな墳形が出現し、古墳はその終焉まで多彩な墳形を誇っていた。墳丘に対してあきらかに特別な観念があったはずだ。この墳形に対する飽くなきこだわり、加えて前方後円墳などの墳丘規模が細かく序列化されている（岸本二〇〇五）。それだけではない。森下章司氏は、そこに「天からの視点」、つまり政治的序列を重視するよりもむしろ聖域を序列化した観念を読みとる（森下二〇一六）。示唆的な見解だ。

無論、天からだけでなく、側面から人々がみる意識も確実にあった。あれだけ膨大な量の葺石《ふきいし》を墳丘の側面にならべ、多数の埴輪《はにわ》を樹立する点からいって、側面観も重視していたことは疑いようがない。前方後円墳の場合、後円部と前方部とが連なる側面観、つまり長軸方向の側面観が墳丘長を強調するため、墳丘長を重視する日本列島の古墳ではとくに重要な視点だったのだろう。そうなると、側面がどこを向くのか、言葉を換えると長軸方向は、被葬者が生前活動の舞台であった集落を向くか、はたまた各地から往来がある交通路を向くか、つまり古墳をどこから望むか、といった視点のちがいを意識する必要がある。箸墓古墳など、初期の巨大前方後円墳は、古墳づくりに主体的に携わった成員が起居した集落からの視覚を重視した、つまり纏向《まきむく》遺跡からの眺望を優先して古墳を築造したのではないだろうか。このほかにも前期古墳では、集落からの眺望を意識してつくったと考えられる古墳が多いように見受けられる。

ところが中期古墳になると、大阪府堺市大仙陵《だいせんりょう》古墳（伝仁徳《にんとく》天皇陵、墳丘長四八六メートル）を代表として、大阪湾上の海路からもその空前絶後の墳丘規模を強調できる視野が確保されるようになる。つまり、集落などからの眺望よりも交通路を行き交う人々を意識したつくりへと古墳づくりの方向性が変化したようだ。松木武彦氏も、古墳時代中期に巨大な古

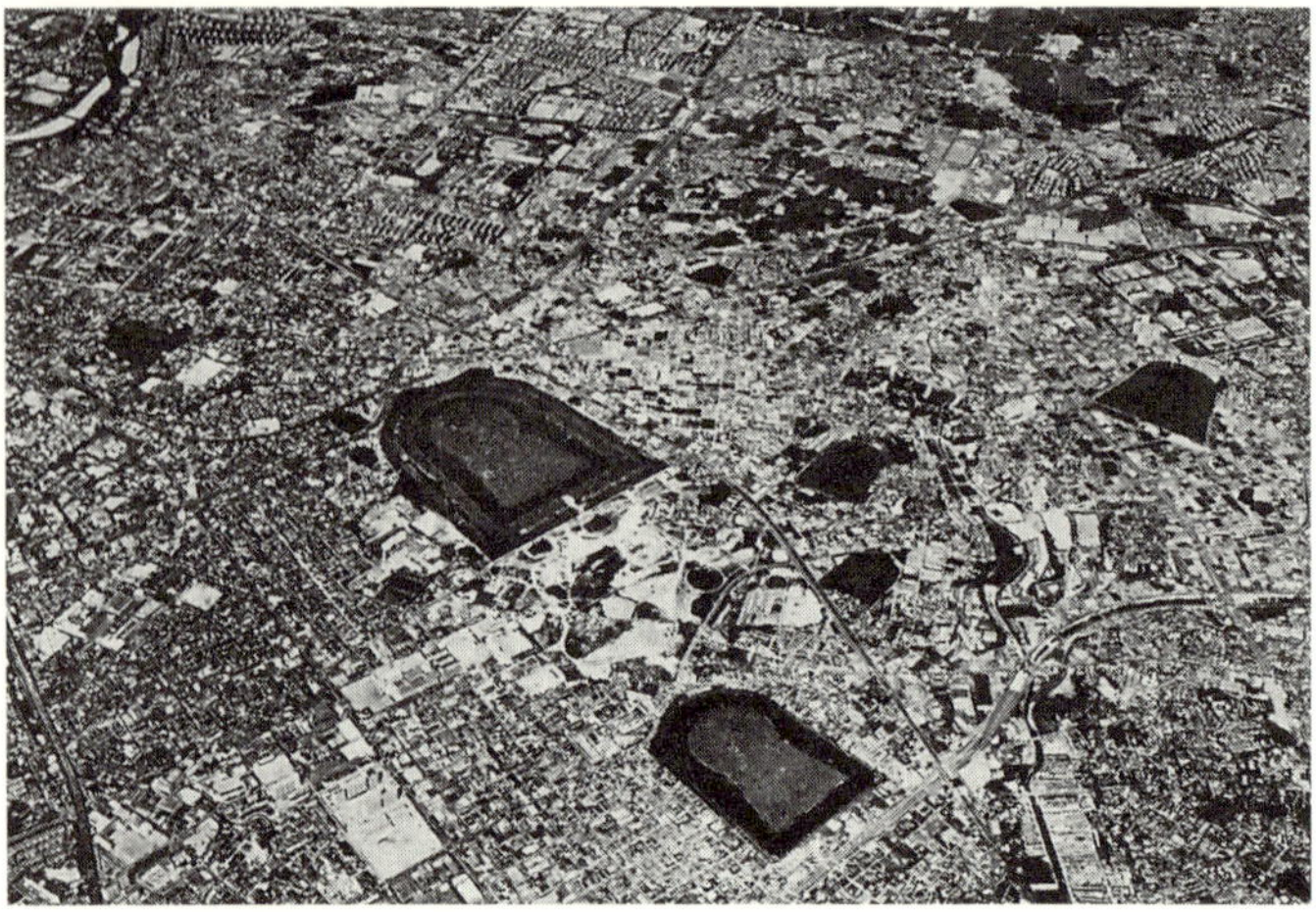

図12　巨大前方後円墳の例（百舌鳥古墳群）

墳を築造するために造墓のエネルギーを結集し、かつ主要交通路沿いに古墳が立地することが多いことを指摘する（松木二〇〇〇）。それに呼応するかのように、墳丘長三〇〇㍍前後であった列島最大規模の前方後円墳は、さらに一〇〇㍍以上も墳丘長を増す。古墳をどこから眺めるか、対象までの距離が集落と海路からとでは大きく異なることは自明だが、対象までの距離をも加味して墳丘がいっそう巨大化した、それが中期古墳の巨大前方後円墳の特質のひとつと考えたい。

墳丘の巨大化と土木技術

今も述べてきたように、大阪府藤井寺市誉田御《こんだご》廟山《びょうやま》古墳（伝応神《おうじん》天皇陵、墳丘長約四二〇㍍）や大仙陵古墳、堺市上《かみ》石津《いしづ》ミサンザイ古墳（伝履中《りちゅう》天皇陵、墳丘長約三六〇メートル）など、古墳時代中期になると、前方後円墳が飛躍的な巨大化をとげる（図12）。それは、近畿地方の大王墓級の前方後円墳にとどまらず、各地の有力者墓とされる前方後円墳も例外ではなく、岡山県岡山市造《つくり》山《やま》古墳（墳丘長約三五〇メートル）や総社市作山《つくりやま》古墳（墳丘長約二八二メートル）、関東地方でも群馬県太田市天神山《てんじんやま》古墳（墳丘長二一〇メートル）や茨城県石岡市舟塚山《ふなづかやま》古墳（墳丘長約一八六メートル）など、前期前方後円墳よりいっそう巨大化する傾向が各地で認められる。ただし、栃木県下の前方後円墳など、中期末～後期の古墳が最も大型化する地域が一部に存在するなど、墳丘の大型化が列島で同時、かつ画一的に継起したとまではいい切れない。

　墳丘が巨大化した理由の一端は、どこから古墳を望むのかといった対象までの距離も加味されていたのではないか、と先に推定した。それでは、これほどまでに巨大な墳丘は、どの程度の期間で築造したのだろうか。一九八五年に大仙陵古墳の築造期間と費用を試算した大林組のプロジェクトチームによると、古代の工法で築造する場合、一日あたりピーク時で二〇〇〇人、延べ六八〇万七〇〇〇人を動員して、一五年八カ月の工期で七九六億円の工費が必要になるとの試算だ（大林組プロジェクトチーム一九八五）。

　それでは、巨大化した墳丘を安定させるための土木技術は、前期古墳とおなじ技術だったのか、それとも新たな技術を導入したのだろうか。

巨大古墳の墳丘構築技術があきらかになった例は、ごくわずかだ。というのも巨大古墳は、その多くが宮内庁によって陵墓《りょうぼ》あるいは陵墓参考地《りょうぼさんこうち》となっており、静謐な環境を守るべく、古墳への立ち入りが禁じられていることが大きい。墳丘構築技術がうかがえる数少ない例のひとつである大阪府藤井寺市津堂城山《つどうしろやま》古墳の墳丘および外堤は、採用した土木技術が異なっていた（藤井寺市教育委員会二〇一三）。まず墳丘では、前期古墳以来続く西日本的工法を採用するのだが、他方墳丘よりも外側の施設、たとえば外堤では、後述する土嚢・土塊積み技術というまったく別の技術を採用する（六五―六六頁）。土嚢《どのう》・土塊《どかい》積み技術の出現は、西日本的工法より後のことだ。つまり、最新技術をすぐさま墳丘という古墳の中核部分に用いることなく、まず古墳の周辺施設から採用した。このことは、古墳づくりが伝統を重んじる行為であったことをしめす。津堂城山古墳は、古市《ふるいち》古墳群で最初の巨大前方後円墳と考えられており、少なくともこの段階では、それ以前の古墳と墳丘に使う土木技術にちがいがあったようにはみえない。なお、墳丘構築法にも土嚢・土塊積み技術を採用するのは、それよりも後のことだが、この点については、追って詳述する。

緩やかな墳丘傾斜角

かつて筆者は、各地の大型前方後円墳の墳丘傾斜角を調べるために、墳丘立面図を作成して検討を加えたことがある。その結果、前期前半では三〇度以上とやや傾斜が急な墳丘が比較的多く認められるが、前期後半になると一〇～二〇度台の例が増加するなど緩傾斜化し、中期古墳でも緩傾斜化の傾向が続くが、後期になると四〇度以上の例が増加するなど、急傾斜化する傾向を突き止めた（青木二〇〇三）。後述する六、七世紀の古墳の墳丘傾斜角と比較すると、それ以前の墳丘は、総じて緩い。

では、土木技術と墳丘傾斜角の変化との間に相関性が認められるのか、検証してみよう。まず、津堂城山古墳などの例から、巨大前方後円墳も西日本的工法で築造が十分に可能であることは疑いない。ただし、巨大あるいは大型前方後円墳の墳丘傾斜角は、一段あたりの高さが高い中段や上段の墳丘傾斜角が一〇〜二〇度台に集中する。とくに二五度前後となる古墳が多い。ということは、西日本的工法によってつくられる古墳の墳丘は、比較的緩い傾斜でつくられたことと相関する可能性がある。つまり西日本的工法は、緩い傾斜の構造物をつくるのに適した技術といえ、四〇度以上の傾斜がきつくなる土木構造物には適していなかったのだろう。もしくは、墳丘長を重視する古墳では、高さを増すよりも長さを確保するほうに注力した、とも換言できるかもしれない。いずれにせよ、土木技術の詳細は、墳丘を断ち割って観察しなければわからない点が多い。ただ、このように墳丘にメスを一切入れずとも、墳丘傾斜角などほかの墳丘がもつ情報をもとに、墳丘構築技術を推定することは、ある程度可能なのだ。

今のところ、巨大前方後円墳の墳丘構造がわかる発掘調査は、先述した津堂城山古墳など、わずかな例しかない。墳丘のつくりかたが不明なため、巨大前方後円墳の土木技術をあきらかにすることは困難といわざるをえない。

ただし、巨大前方後円墳であっても、調査地点は限定的だが、発掘調査によって代表的な墳丘外表施設である葺石の様相は、ある程度あきらかになってきている。そこで葺石からどういった情報が引き出せるのか、少し紹介してみよう。

葺石の変遷

まず、葺石とはなにか。多数の礫《れき》によって墳丘斜面を覆う施設のことである。墳丘の盛《も》り土《ど》がそのまま露出していると、風雨によって徐々に削られてしまうため、葺石はまず法面《のりめん》保護を目的としていたと考えられる。加えて筆者は、ほかにも葺石が埴輪など土製品の樹立とも大きくかかわるのではないかと推定する。白亜の礫に覆われた墳丘には赤褐色の土器や埴輪がよく映える。ローム主体の盛土による墳丘、すなわち関東地方などの古墳の墳丘には葺石を用いる例がごく少数で、かつ埴輪の樹立も稀少である。つまり、葺石は埴輪などの樹立物を引き立たせる役目も担っていた、と考えられるのだ。

さて、葺石を検討する際に筆者が注目したのは、基底石《きていせき》という葺石の最下段に設置した他より大型の石である。この基底石、とくに近畿地方をはじめとする西日本の古墳に顕著だが、実は時期によって異なる特徴がある。具体的にいうと、古い時期であれば基底石を二段に積み重ねるが（古墳時代前期前半）、その後一段に減じ（前期後半〜中期前半）、さらに基底石そのものが消失する（中期後半）、という順序で変遷する（青木二〇〇三）。つまり葺石をみると、いつ頃築造された古墳か、おおよその時期を推定できるのだ。

佐紀盾列古墳群における葺石の変化

実際の古墳の調査例から紐解いてみよう。奈良県奈良市佐紀盾列《さきたてなみ》古墳群（佐紀古墳群）は、大王陵を含む巨大・大型前方後円墳を中核とする、近畿地方を代表する古墳時代前期〜中期の古墳群である。五社神《ごさし》古墳、佐紀陵山《さきみささぎやま》古墳、佐紀石塚山《いしづかやま》古墳などを中心とする西群、市庭《いちにわ》古墳、神明野《しめの》古墳などを中心とする中央群、ウワナベ古墳、コナベ古墳、ヒシアゲ古墳を中心とする東群にわかれる（今尾二〇一四）。発掘調査で葺石についての詳細な情報が得られた例は、市庭古墳（古墳時代中期前半）とウワナベ古墳（中期後半）の二基だ。

市庭古墳は、平城宮《へいじょうきゅう》の造営によって前方部が削平されたが、本来は墳丘長二五〇㍍をはかる巨大前方後円墳である。現在は後円部のみ墳丘が残り、宮内庁によって平城天皇陵に治定されている。平城宮の発掘調査にともない、削平された前方部の墳裾部《ふんすそぶ》や周濠《しゅうごう》がみつかり、その際に前方部の墳丘斜面の葺石を検出した。検出した葺石は、幅四〇〜五〇㌢の基底石を一段分設置し、その上に径一〇〜二〇㌢ほどの礫を二五度前後の墳丘斜面に積み重ねていく（奈良国立文化財研究所一九七六、図13）。

図13　市庭古墳前方部の葺石

これに対してウワナベ古墳は、墳丘長二五五㍍《メートル》、市庭古墳とほぼ同規模の巨大前方後円墳だが、墳丘全体が宮内庁の陵墓参考地となっており、やはり立ち入ることはできない。しかし、墳丘をめぐる周濠の外側をとりまく外堤《がいてい》は、陵墓参考地外となっており、昭和四四・四五年（一九六九・七〇）、ここに国道二四号線バイパスを通すための事前発掘調査が実施された。調査の結果、外堤の斜面には拳大の礫を用いた葺石を検出したが、基底石とよべるほかの礫よりもあきらかに大きな石材を最下部に設置することなく、斜面一面に大きさをそろえた礫がびっしりとならべられていた（図14）。

先に述べた葺石の変遷観をあてはめると、基底石が残る市庭古墳が、基底石をもたない

図14　ウワナベ古墳外堤の葺石

ウワナベ古墳よりも古くなり、実際に双方の古墳から出土した円筒埴輪《えんとうはにわ》を比較しても、市庭古墳がウワナベ古墳に先行することが確実視されている。さらに市庭古墳の葺石は、礫を積み重ねているのだが、ウワナベ古墳の外堤では、斜面に粘性の高い土を置き、そこへ礫を埋め込んでいるようにみえる。つまり、ウワナベ古墳の段階になると、葺石は「積み重ねる葺石」から「埋め込む葺石」へと変化したと考えられる。

それでは、葺石がどうして変化したのだろうか。理由のひとつとして省力化があげられる。というのも、「埋め込む葺石」には裏込を必要とせず、葺石に必要な石材の量を減らすことができるからだ。加えて「埋め込む葺石」は、土に「埋め込む」だけであるため、長大な墳丘斜面に整然と「積み重ねる」までの技術力を要しない点も考慮されたのかもしれない。また、現状では断言できないが、宇垣匡雅氏の研究によると、墳丘が急傾斜化することは、墳丘の急傾斜化を支える新たな墳丘構築技術の採用などと関係するようだ（宇垣二〇一〇）。なお、この点については、古墳時代後期をとりあげる際に再度触れるので、そこで詳述することにしたい。いずれにせよ、古墳時代中期の古墳は、墳丘の巨大化だけでなく、後期古墳への胎動がすでに始まっていたのだ。

土嚢・土塊積み技術の出現

出現の時期

土嚢・土塊積み技術というと、一瞥して土の塊をそのまま積むか、あるいは土嚢袋などにおさめて積み上げる、いずれかを採用した技術と察しがつくだろう。まさにその通りなのだが、もう少し細かく観察すると、土嚢・土塊積み技術は、その方法から大きく二つにわかれる。二分されている技術を説明すると、まず土嚢あるいは土塊を面的に敷き詰めて、それを徐々に重ねる方法がある。次に、土嚢を列状に積み重ね、列間に盛土する方法が存在する。今のところ、前者の方法が四世紀後半にまでさかのぼり、後者は五世紀以降に出現すると考えられるので、まず前者が編み出され、のちに後者の方法が加わったと考えられる。

ちなみに、後者の技術は、五世紀代の朝鮮半島の古墳、とくに加耶《かや》地域の例に類似した

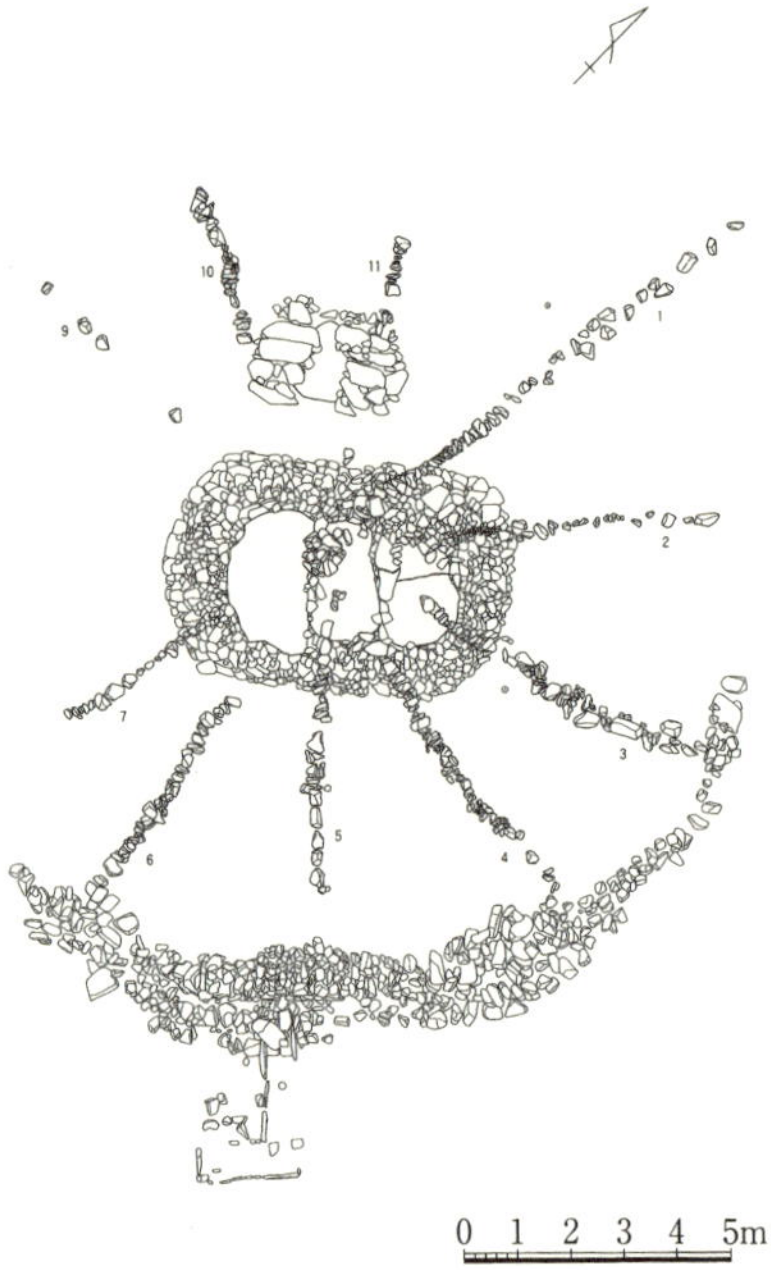

図15　星山洞58号墳

技術が認められる。ただし、加耶地域では、土嚢や土塊だけでなく石を列状に積み重ねる例も多い。加耶古墳の墳形は、円墳が大半なので、墳丘の中心から積み上げた石列や土塊が放射状にならび、列間に盛土して墳丘をつくっている。高霊《コリョン》の池山洞《チサンドン》古墳群は、大伽耶の王族をはじめとする支配層の古墳群とみられるが、なかでも三〇号墳や七三号墳（曺二〇一二）、ほかにも星《ソン》州《ジュ》の星山洞《ソンサンドン》古墳群の五八号墳（啓明大学校行素博物館二〇〇六、図15）、昌寧《チャンニョン》の校洞《キョドン》一号墳（東亜大学校博物館一九九二）などを、放射状の石列をもった代表例としてあげておく。

なお、放射状の石や土塊列間に盛土する技術を、韓国では区画築造とよんでいるが、これは曺永鉉氏の研究に詳しい（曺二〇〇三など）。こうした朝鮮半島、とくに加耶地域の古墳の影響をうけ、日本列島の古墳では、石ではなく、従来から使っていた土塊をもっぱら用いたのだろう。

列島最初の例

今のところ、日本列島の古墳で最初に土嚢・土塊積み技術が採用された例は、管見のおよぶかぎり、大阪府津堂城山古墳の外堤である（図16・17）。繰り返しになるが、重要なのは、外堤という墳丘よりも外側の施設で用いられていた点だ。実は津堂城山古墳の墳丘に、土嚢・土塊積み技術が採用された形跡はなく、従来から伝統的に使われていた西日本的工法が使用されていることが、発掘調査によってあきらかになっている（藤井寺市教育委員会二〇一三）。こうした新しい技術は、はじめから中核的な部分、すなわち墳丘に投下するのではなく、周辺施設においてある程度施工実績を重ねてから本体部分にも

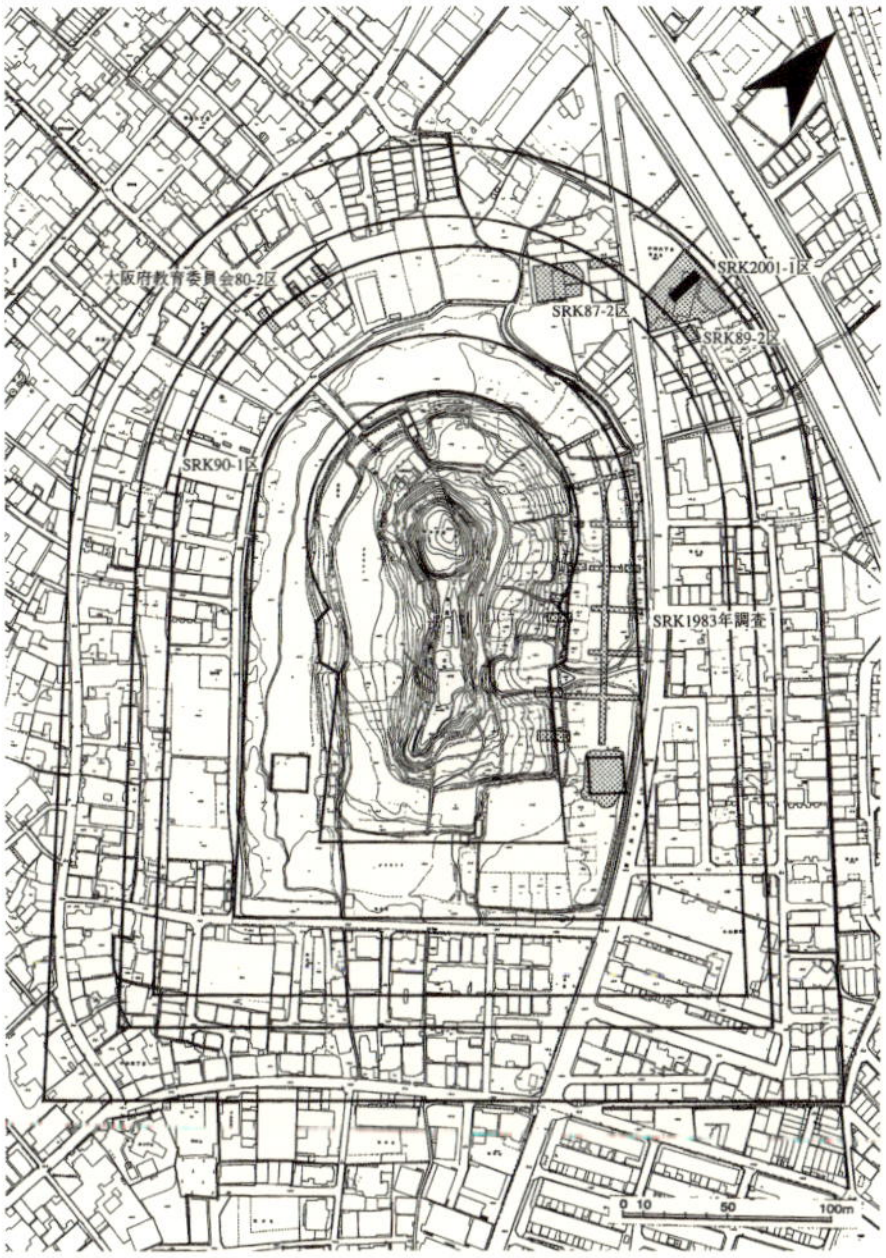

図16　津堂城山古墳
右上の黒い長方形が図17の調査区

図17　津堂城山古墳外堤の断面にみられる土嚢・土塊積み

使われるようになったようだ。

そして、もうひとつ重要な点が、津堂城山古墳がつくられた場所である。というのも、古市古墳群ではじめて築造された巨大前方後円墳が、今とりあげている津堂城山古墳なのだ。それまで、墳丘長二〇〇メートルを超える巨大前方後円墳は、もっぱら大和盆地で築造されていた。それが四世紀後半になり、河内平野へと移動し、長らく藤井寺《ふじいでら》市と羽曳野《はびきの》市にまたがる古市《ふるいち》古墳群、堺市の百舌鳥《もず》古墳群双方の古墳群で交互に巨大前方後円墳を築造するようになる。そのきっかけとなった古墳こそ、津堂城山古墳だ。すなわち、古市古墳群の成立以前には、土嚢・土塊積みの例が今のところ確認できない。つまり、土嚢・土

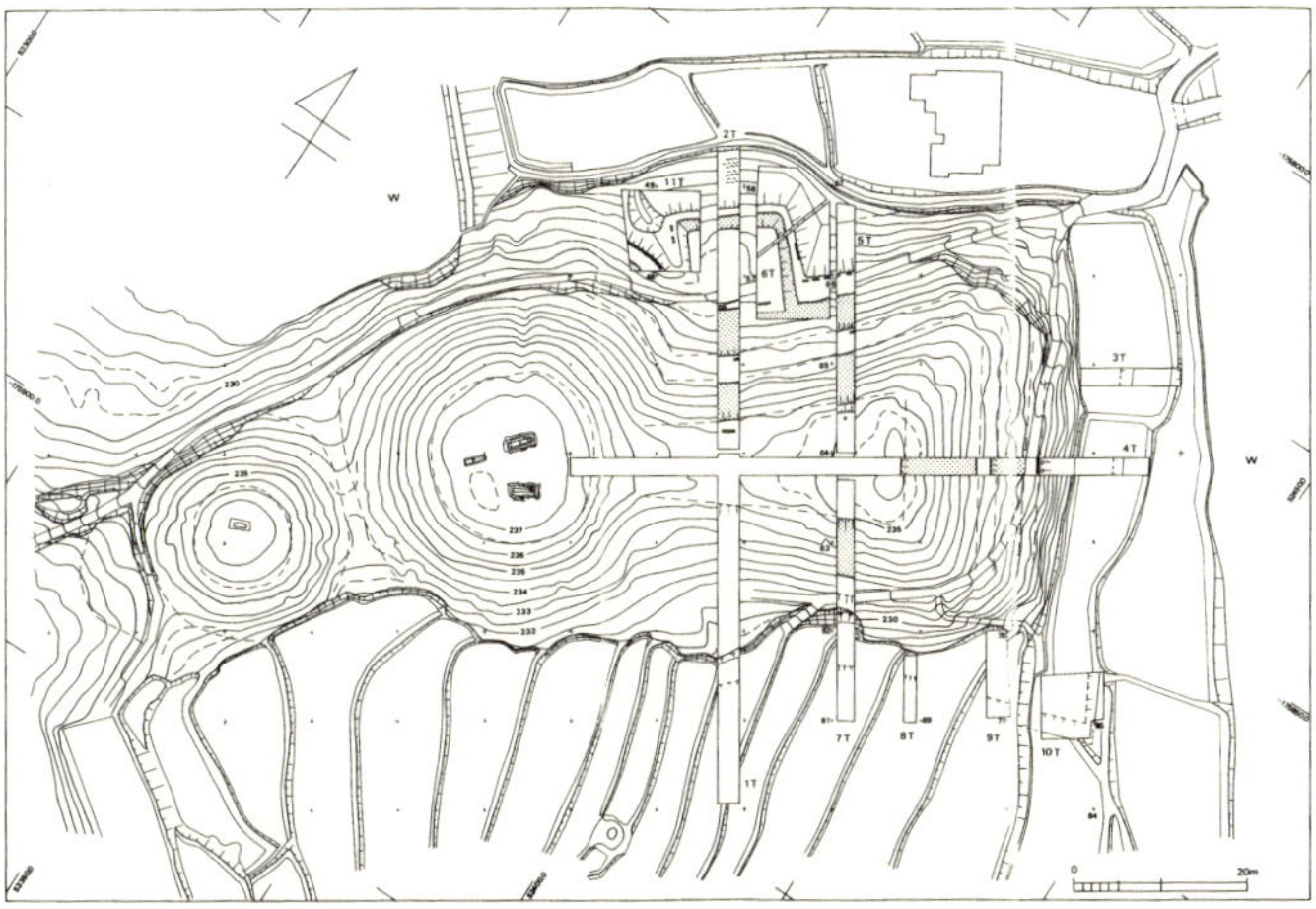

図18　三ツ城古墳（中央の前方後円墳が１号墳）

塊積み技術は、巨大古墳群の移動とともに出現したようにみえる。新出の技術の出現は、ヤマト王権内部における勢力の変化と呼応するかもしれない。

五世紀における土嚢・土塊積み技術の例

さて、土嚢・土塊積み技術を採用した古墳は、津堂城山古墳の築造以降、どのように展開していったのだろうか。五世紀代になると、各地の最大規模の前方後円墳に採用された例が散見される。広島県三ツ城《みつじょう》古墳一号墳（前方後円墳、墳丘長約九二メートル、五世紀中頃）、奈良県六道山《ろくどうやま》古墳（前方後円墳、墳丘長約一〇〇メートル、五世紀初頭頃か）などを代表例にあげておくが、いずれの例も前後する時期に近隣の古墳で土嚢・土塊積み技術を採用した形跡はない。となると、

図19　三ツ城古墳１号墳前方部の土嚢・土塊積み

類例は各地に点在するという表現が適当だ。ここで気になるのが、またもや出てきた「点在」という語である。類例が「点在」していたとなると、その後の古墳に土嚢・土塊積み技術がそのまま用いられたのか、あるいは西日本的工法を採用した東日本の例が続かなかったのと同じく、一基限りの単発的な築造で終わるのだろうか。結論をいうと、五世紀における土嚢・土塊積みを用いる古墳は、一代限りで終焉をむかえ、次の造墓では、また以前の築造技術へ回帰する。つまり、この後にふれる西日本的工法を採用した東日本各地の古墳と、土嚢・土塊積み技術を採用した各地の古墳のありようとは、とてもよく似ているのだ。新しい技術がもたらされ、その技術を採用した古墳は一基で終わる。新技術を携えて古墳づくりを指導した技術者は、新技術の発信源である近畿地方の人間と考えるのが妥当だろう。近畿地方の技術者、おそらくヤマト王権に属する技術者だろうが、彼らは王権とかかわりの深い有力者の造墓を指導するため、各地へ派遣された。しかし、王権と密接なかかわりをもつ有力者の後継者は、ふたたび技術者の派遣を要請することはなかった。このように考えると、大王などヤマト王権と各地の有力者との政治的関係は、あくまで個人同士の人格的な結合であり、有力者が代替わりしてもなお継続して政治的なつながりを保持する段階、いわば制度的な結合にはまだ到達してなかったと考えられる。

ここまでの結論であれば、五世紀の有力者同士の政治的ネットワークの脆弱さという点を強調すればすむのだが、さらに時代が下ると、これとはまたちがった様相を呈するようになる。ただし、それが顕著にみてとれるのは六世紀以降となるので、土嚢・土塊積み技術の話はいったん置いておくこととし、もう少しだけ中期古墳の話におつきあい願いたい。

東日本における西日本的工法の導入

東日本的工法の項で、それまで東日本の有力者墓では、東日本的工法の例ばかりだったが、前期末頃になると、あきらかに西日本的工法の影響を認める古墳が出現したことに触れた。先ほど話題にした城《じょう》の山《やま》古墳とおなじ新潟県の古墳で、実に興味深い例が、今から数年前に発掘調査された（新潟市文化財センター編二〇一四）。

古津八幡山古墳

新潟市秋葉区にある古津八幡山《ふるつはちまんやま》古墳、墳丘の直径が約六〇メートル《メートル》という新潟県下でも屈指の規模を誇る大型円墳である。墳丘の土量でいえば、墳丘長六〇メートル《メートル》の前方後円墳をはるかに凌駕し、その偉容と量感は、みるものを圧倒する。二〇一一・一二年に実施された史跡整備を目的とする発掘調査によって、墳丘のつくりかたが判明した。筆者も、足かけ二年に

図20　古津八幡山古墳の土手状盛土
2つの矢印の先に重なった土手状盛土がみえる。

またがる発掘調査を何度か拝見させていただき、墳丘構造が鮮やかに復元できるトレンチの墳丘断面をみたときの感動が、いまなおよみがえってくる（図20）。報告書ならびに発掘調査時に拝見した際の筆者の所見によると、墳丘は古墳時代の地面の土をほとんど改変せず、そのまま盛土をはじめたようだ。墳丘中心部に盛土による小丘を、墳丘外縁付近に土手状盛土を構築し、続けて小丘と土手状盛土との間に双方の高さまで盛土するが、これは小丘から外側という順番がある。「内から外へ」という方向は、東日本的工法そのものだが、土手状盛土が存在すること、さらに土手状盛土と小丘との高さを揃えて、それをさらに上でもくりか

図21　大厩浅間様古墳の墳丘断面

えす。となると、それは西日本的工法とも合致する。つまり、東西日本の両工法が取り込まれたつくりになっている古墳こそ、古津八幡山古墳の特徴といえる。

この発掘調査にお邪魔した際、調査を担当する新潟市文化財センターの相田泰臣さんに、「青木さん、これと同じつくりかたをした古墳の例はありますか？」と尋ねられた。すかさず、筆者は「よく似た例がありますよ」と返し、次の古墳を紹介したのだった。

大厩浅間様古墳

先にも少しふれた千葉県市原市の大厩浅間様《おおまやせんげんさま》古墳は、開発によってすでに失われた古墳だが、発掘調査によって墳丘のつくりかたが詳細に把握できた例である（市原市文化財センター一九九九）。墳丘直径約五〇メートル、高さ六・九メートルの円墳で、墳丘は古津八幡山古墳と同じく小丘と土手状盛土を併用し、小丘と土手状盛土との高さでいったん平坦にし、それを四段分繰り返し、最上部にもう一段分盛土して墳丘を完成させる（図21）。ここまでみただけで、もうお分かりだろう。そう、古津八幡山古墳と大厩浅間様古墳は、墳形が同じというだけでなく、そのつくりかたまで酷似するのだ。

西日本的工法を採用した東日本の古墳

実は、こうした小丘と土手状盛土とを併用した工法、すなわち小丘を採用した西日本的工法とでもよぶのが適当であろうか、この工法を採用する例は、今の二例だけではない。東日本的工法の項で触れた仙台市裏町《うらまち》古墳などが先の例と酷似する。このほかにも、土手状盛土は認められないものの、一定の高さで盛土をいったん揃えて、それを上へ上へとくりかえして盛土するという、東日本的工法になく西日本的工法の特徴を有する古墳であれば、千葉県我孫子市水神山《すいじんやま》古墳や東京都狛江市白井塚《しらいづか》古墳、茨城県石岡市ぜんぶ塚古墳、新潟県上越市丸山古墳、長野県飯田市新井原《あらいはら》一二号墳などが代表的な例だ（青木二〇一三B）。これらの例は、東日本各地に点在することを特徴とし、いずれも古墳時代前期末頃～中期の古墳であるが、ここで注意すべきは、先ほどから出てくる「点在」という用語である。

一例として、先に出てきた水神山古墳を取りあげてみよう。水神山古墳は、墳丘長六三メートル、後円部高さ約五メートルの前方後円墳で、房総半島北西部の手賀沼《てがぬま》水系を代表する古墳として知られる。

築造が続かない西日本的工法の古墳

かつて筆者は、とある研究会の席上、甘粕健先生から、水神山古墳は特徴的な盛土技術を採用していたが、周辺の他の古墳は、それと異なることを教えていただいたことがあった。水神山古墳の北約四・六キロに位置する弁天《べんてん》古墳（前方後円墳、墳丘長約三五メートル）の発掘調査成果によると、弁天古墳が土手状盛土や壇状に盛土を積み重ねるといった技術を用いず水平に盛土する、いわば在地の技術を採用し、水神山古墳とのちがいが指摘されている（古谷二〇〇三）。ほかの古墳をみても、どうも水神山古墳と同じ構築技術を採用した古墳はなさそうだ。つまり、水神山古墳以外の古墳は、西日本的工法に類した技術で古墳をつくらない。水神山古墳以前の古墳であれば、東日本的工法なり在地の技術で古墳をつくっていたのだろうと推定もできるが、一度西日本的工法が導入されたにもかかわらず、いわば「先祖がえり」してしまう。これはいったいどういうことなのだろう。

そこで、先にキーワードとして掲げた「点在」という分布の特徴が問題となる。水神山古墳だけではなく、東日本各地で採用された西日本的工法の例のうち、いずれもそのあとにつづく古墳で、西日本的工法を連続して用いる例は、今のところまったくない。つまり、西日本的工法を採用した古墳は、すべて一代に限った造墓と結論づけることができる。もう少しいうと、被葬者である各地を支配する有力者のうち、前期末〜中期にかけての一名だけが、西日本的工法を自らの墳墓に使用したことになる。厳密にいうと、東日本において西日本的工法を採用した例は、つくられた時期がすべて一致するわけではない。ともかく、なぜ一代限りで終わってしまったのか。

技術者を派遣する

特定の地域を支配する各地の有力者の一部は、大王など近畿地方の大物有力者層と政治的な結びつきが強かったことが、従来から推測されている。関東地方を例にとると、上野（群馬県）とヤマト王権との政治的緊密性が高いことが指摘されている。その傍証として石棺がある。一概に石棺といっても、たんに遺骸を納める容器だからといって当時の人が自由に製作できる類ではなく、墳丘とおなじく一定の秩序にもとづいて製作されたようだ（石橋二〇一三）。群馬県伊勢崎市お富士山《ふじやま》古墳所在の長持形石棺《ながもちがたせっかん》は、在地産とみられる砂岩で製作され、近畿地方にみられる竜山石《たつやまいし》製の長持形石棺と同工品であることから、近畿地方の石棺工人が東国までやってきて製作したと考えられる（白石・杉山・車崎一九八四）。となると、古墳の墳丘をつくる場合でも、近畿地方から墳丘構築の技術者が派遣されたと考えてもなんら不思議ではない。各地で大王らと強い関係を築いた有力者たち、その関係の証として、古墳づくりの際に技術者らを有力者のもとへ派遣して築造した古墳、それこそが先述した東日本各地に点在する西日本的工法を採用した古墳ではないだろうか。

有力者同士の人格的結合

ここまでで、西日本的工法を採用した理由については、ひとまず推定することができた。残る問題は、なぜ西日本的工法の例が東日本各地で続かなかったのか、という点だ。

続かなかったということは、先に導き出した想定からみて、近畿地方から技術者が再度派遣されるような状況が起こりえなかったためであろう。再度派遣される状況でなくなる、つまり大王などの近畿地方の有力者層と東日本各地の有力者との密接な関係が、一代限りで完結してしまうシステムだったと考えられないだろうか。もう少し具体的に解説すると、古墳時代中期頃における有力者間の政治的なつながりは、基本的に人格的な結合がベースにあって、世代が変わると、そのまま従前の関係が継続するという構造をとらなかった可能性が高い。

今述べた人格的結合を基本とした有力者間の関係、これこそ古墳時代前期〜中期にかけての日本列島の政治システムの根幹にあった、と筆者は推測する。そして、西日本的工法を採用する東日本の類例に、前期末〜中期と多少の時間差が認められるのは、近畿地方の王権との間に緊密な政治的関係を構築した有力者が出現した時期が、地域によって差があった結果ではないだろうか。地域による時間差が存在することは、近畿地方の大王をはじめとする有力者層が、各地の有力者といっせいに強い政治的関係を醸成する段階には達していなかったともいえる。古墳の墳形や規模による一定の秩序ができあがっていたとはいえ、それはあくまで各有力者との個人的関係の上に成り立つ、制度としてはまだ脆弱な関係だった。

古墳の転換点

古墳時代後期

土嚢・土塊積み技術の展開

古墳時代中期の項でふれた土嚢《どのう》・土塊《どかい》積み技術は、西日本の有力者墓とみられる古墳で点的に分布していた。そして点的な分布という特徴は、西日本的工法を採用した東日本各地の古墳とも似かよう。こうした状況から、筆者は古墳時代中期の特質として、ヤマト王権と各地の有力者との関係性が、個人間の人格的な結合関係を基礎にした脆弱なものだったと推測した。

支配方式の変化

しかし、人格的結合で成り立つような危うさをはらんだ政治的な関係、これがいつまでも続くわけがなかった。いや、続けなかったと表現した方が正しいのかもしれない。そのご、律令国家となった日本、つまりヤマト政権が目指したのは、各地に支配の網の目をめぐらすことだった。そのためには、まず各地の有力者との政治的関係をきちんと制度化し

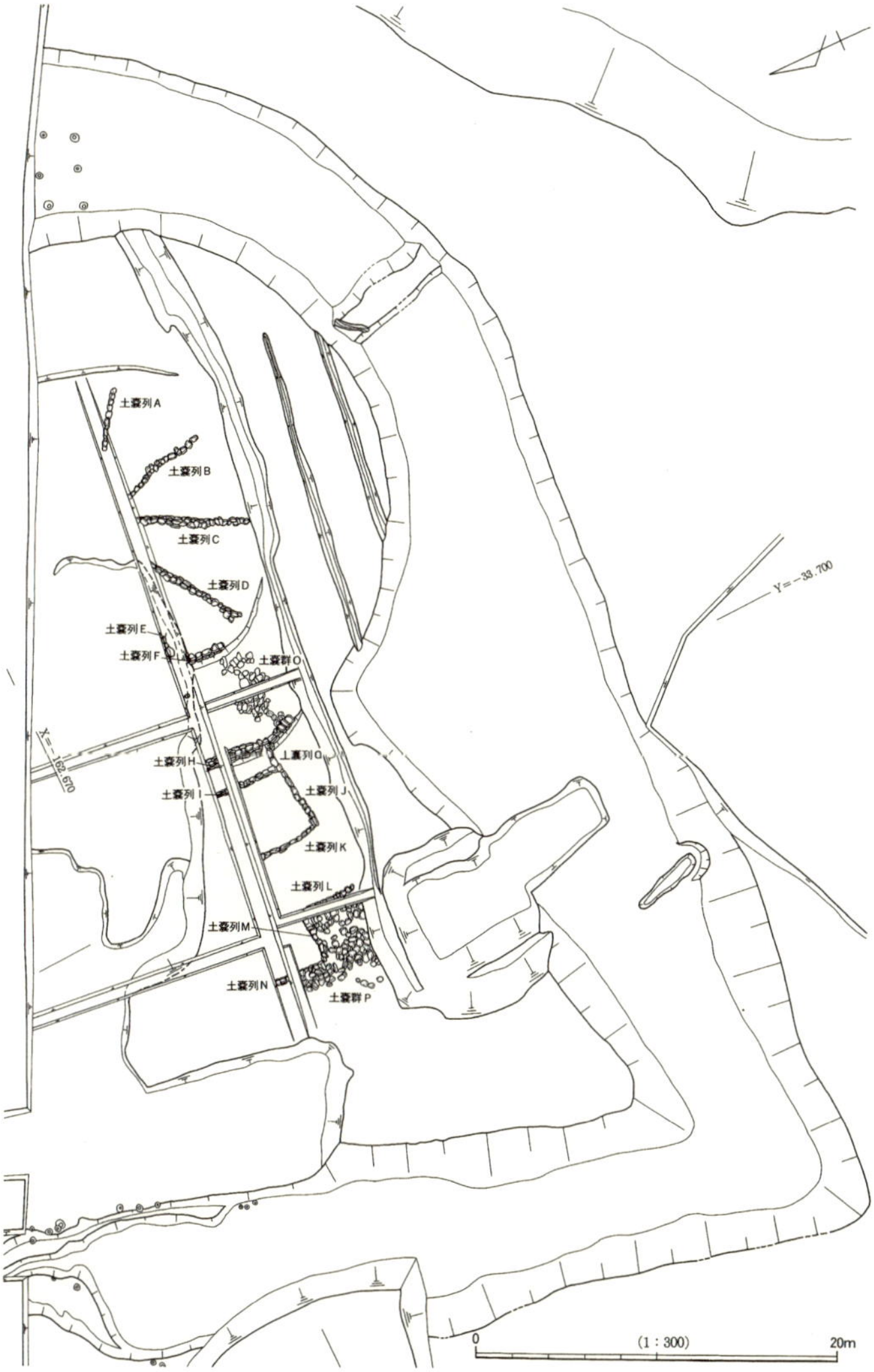
土嚢列A
土嚢列B
土嚢列C
土嚢列D
土嚢列E
土嚢列F
土嚢群O
X＝－162,670
土嚢列H
土嚢列G
土嚢列J
土嚢列I
土嚢列K
土嚢列L
土嚢列M
土嚢列N
土嚢群P
Y＝－33,700
0
(1：300)
20m

図22　蔵塚古墳

たものとしなければならない。そこで、各地の有力者を国造《こくぞう》に任じ、ヤマト王権が列島規模で地域支配を制度化した、それが国造制だ。大川原竜一氏によると、国造制はミヤケ（ヤマト王権の直轄地）が各地に設置されたことで、その管理を国造に担わせるとともに、王権が国造に対して各地域の支配を認めたととらえ、国造制とミヤケが不即不離の関係にあったと説く（大川原二〇〇九）。本書は、土木技術を考古学的観点から叙述することを目的とし、国造制などについて私見を開陳する場ではないため、ここで詳細には説明しない。ただ、現段階で国造制が成立した時期は、六世紀前半頃とする見解が支配的だ。

それでは、国造制の成立によって、古墳にもなにかしら変化が起きたのだろうか。本項では、まずこの点から検証しよう。

後期古墳にみられる土嚢・土塊積み技術の特徴

後期古墳における土嚢・土塊積み技術の大きな特徴は、放射状あるいは列状に土嚢ないしは土塊を積み重ねる五世紀以降の方法を踏襲する点である。墳丘《ふんきゅう》全面が発掘調査されたことで、墳丘構築方法の詳細が判明した大阪府蔵塚《くらづか》古墳を、代表例としてあげておく（図22）。そして、もう一点見逃せない点として、土嚢・土塊積み技術は、大王墓クラスの前方後円墳《ぜんぽうこうえんふん》の墳丘にまで採用されることとなった。継体《けいたい》大王墓であることがほぼ確実とされる大阪府今城塚《いましろづか》古墳（墳丘長一九〇メートル、六世紀前半）がその典型例だ（図23）。四世紀後半に築造さ

図23　今城塚古墳前方部の墳丘断面にみえる土塊

れた巨大前方後円墳である津堂城山《つどうしろやま》古墳では、外堤など墳丘以外の施設に限定して土嚢・土塊を使っていた（六五—六六頁）。その頃からすれば、技術のありようも、ずいぶんと変わったものだ。

さらに類例の分布がいっそう広がった。東は東北地方から西は九州地方にいたるまで、列島各地に分布する。最近も、福島県いわき市塚前《つかのまえ》古墳（前方後円墳、推定墳丘長九五〜一二〇メートル）で土嚢・土塊積み技術が確認され、六世紀の東北地方最大の前方後円墳にも採用されていたことが判明した（いわき市教育文化事業団編二〇一七）。このことは、ヤマト王権と各地の有力者とのかかわりが、古墳時代中期よりも一段と拡大したことを物語っている。

瓦屋西古墳群の土嚢・土塊積み技術

浜松市瓦屋西《かわらやにし》古墳群は、円墳を中心とする複数の支群からなる古墳時代後期の群集墳である。そのなかにあってB3号墳は、墳丘長二八・一メートル、後円部径一四・二メートル、六世紀前半に築造されたと考えられる前方後円墳で、墳丘の規模は小さいものの、群中では稀少な墳形であることから、報告書では盟主的な存在と位置づける（浜松市教育委員会一九九一）。発掘調査の結果、B3号墳は土嚢・土塊積み技術を用いて墳丘を構築したことがあきらかになっている（図24上）。さらに、B3号墳とおなじく、六世紀前半に築造されたと考えられるC5号墳も、盟主的な存在とされる前方後円墳だが、こちらもB3号墳と同じ土嚢・土塊積み技術を用いた墳丘である。瓦屋西古墳群の周辺には、静岡県西部を代表する後期古墳である大門大《だいもんおお》塚《つか》古墳（円墳、墳丘直径約三〇メートル、六世紀前半）など、他の有力者墓とみられる古墳でも、土嚢・土塊積み技術が採用された例が複数存在し、なおかつ築造時期も近い。加えて注意すべきは、前方後円墳であるB3号墳・C5号墳にのみ土嚢・土塊積み技術が採用された点だ。換言すれば、大多数を占める他の小規模な円墳には、いずれも一般的な水平積みを基調とした墳丘盛土を採用したので、あきらかに墳丘構築技術が使い分けられている。つまり、群中の最有力者を埋葬した前方後円墳と、それ以外の人物が葬られる円墳とでは、

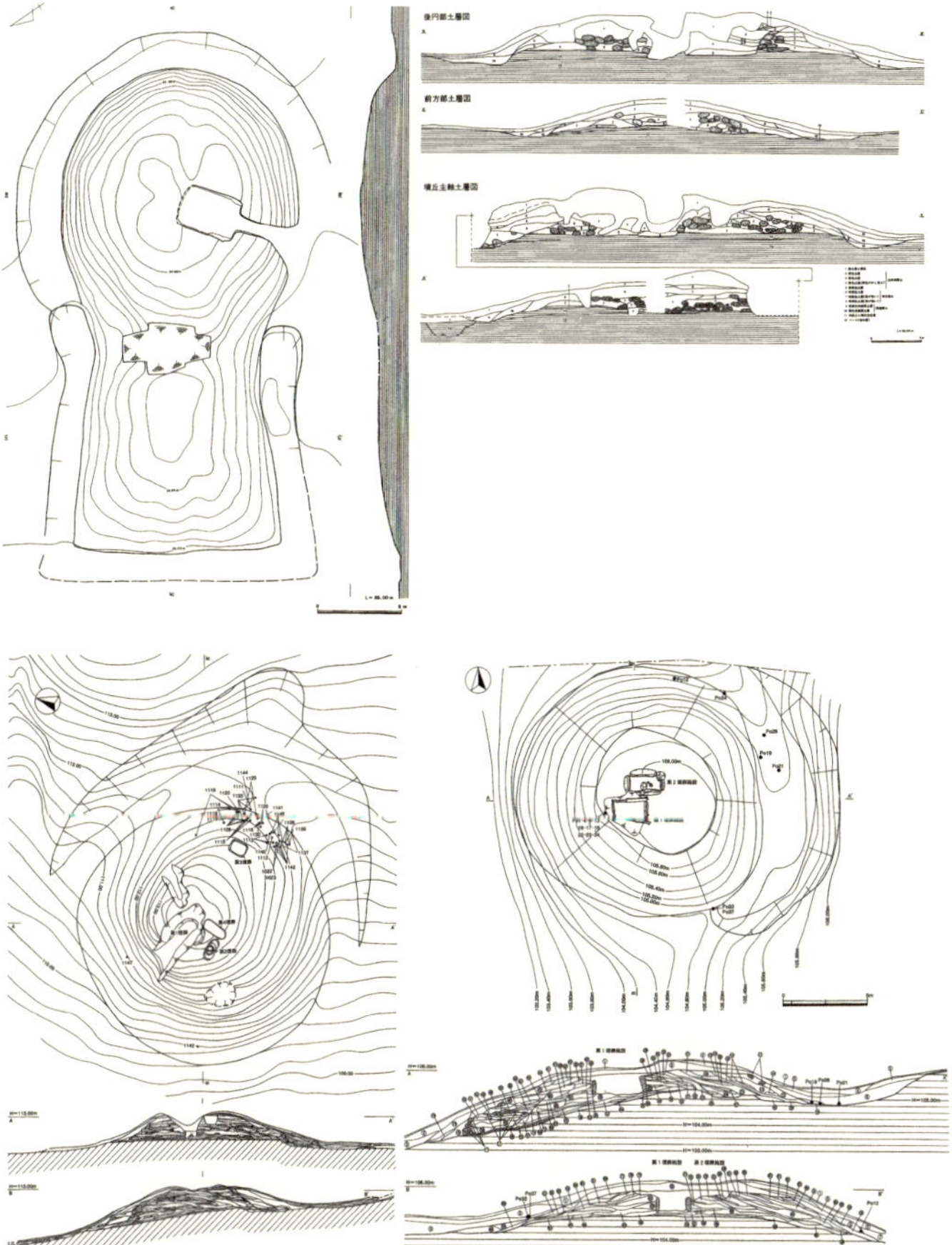

図24　瓦屋西Ｂ３号墳（上）、晩田山古墳群30号墳（下左）、晩田山28号墳（下右）の墳丘平面・断面図

墳丘構築技術が差別化されていたのだ。

晩田山古墳群の土嚢・土塊積み技術

鳥取県米子《よなご》市晩田山《ばんだやま》古墳群二八号墳・二九号墳・三〇号墳（六世紀後半）は、いずれも土嚢・土塊積み技術を採用した墳丘の直径一五〜二〇《メートル》程度の、群中では比較的規模の大きな円墳である（図24下）。晩田山古墳群は、五世紀代まで造墓していたが、六世紀前半〜中頃にかけて断絶する。ところが、六世紀後半になると造墓を再開し、二八号墳〜三〇号墳がつくられた（淀江町教育文化事業団二〇〇〇）。それまで土嚢・土塊積み技術が存在していなかったとみられる地域に、新たな土木技術を駆使した三基の古墳が築造された背景には、当然のこと外部地域からの影響を認めるのが自然だろう。

以上、瓦屋西古墳群・晩田山古墳群などの発掘調査例から、六世紀前半以降、各地に土嚢・土塊積み技術を採用した古墳が認められ、かつ同一古墳群内でこの技術を採用した古墳が複数基存在するという、中期とはあきらかに異なる特徴がうかがえた。さらに、群集墳という在地の有力農民層などが葬られたとされる古墳群であっても、ごく一部の最有力者の古墳にかぎり、最新の土木技術である土嚢・土塊積み技術を採用した、この二点に集約されよう。それでは、ここにしめした事実は、なにを物語っているのか。

各地における墳丘構築技術のありよう

東日本各地の中期古墳の一部では、西日本的工法をとりいれた古墳が築造されたことを先に述べた。その際、近畿地方から派遣された技術者は、古墳をつくり終わると近畿地方へ戻ったと想定した。そして、その後同じ地域に同様な技術で築造された古墳が見当たらず、ヤマト王権と各地の有力者との政治的なつながりは、人格的な結合関係にとどまっていたと考えた。ならば、土嚢・土塊積み技術を有する各地の後期古墳は、中期古墳と同じく人格的な結合関係として考えてよいのだろうか。

筆者は、後期になると、有力者同士の人格的結合とは別のシステムへ転換したと考える。瓦屋西古墳群や晩田山古墳群の例からあきらかなとおり、同じ地域で同じ技術を用いて続けざまに古墳をつくることは、中期にはなかった特徴である。それが一群集墳の特徴にとどまらず、瓦屋西古墳群など晩田山古墳群から遠く離れた地域の古墳であっても、同様な特徴をしめすことからいって、中期と同じ有力者間の政治的関係とは、内容が変わったととらえるのが至当だろう。少なくとも、同じ古墳群で複数の有力者の古墳に採用したのだから、複数の有力者がヤマト政権との緊密な政治的関係を有していたはずだ。この場合、複数の有力者は、有力者とその後継者らと推定し、これまで導き出してきた推論にもとづけば、有力者とヤマト王権とのかかわりは、次代の後継者にもそのまま引き継がれたと解するのが妥当である。こうした変化は、個人対個人の人格的な関係にとどまっていた中期とくらべ、後期になると、王権と有力者とのかかわりかたが質的に変容した、そう考えてよいのではなかろうか。

では、ヤマト王権は、各地の有力者らといかなる関係を構築したのか。筆者は、氏族とその主要な構成員を把握するため、新たな政治的枠組みを構築したことに起因すると考えたい。具体的な理由としては、六世紀に氏姓制度が確立したことがあげられよう。

また、有力者の古墳だけに土嚢・土塊積み技術を採用したことは、大王墓クラスの古墳に採用された土木技術を共有できるほど王権との密接な関係を築いた人物が被葬者であることの裏返しともいえる。先にあげた古墳の例は、いずれも六世紀前半以降の所産である。本節の冒頭で、国造制の成立が六世紀と述べた。つまるところ、土嚢・土塊積み技術を導入した各地の古墳は、ヤマト政権が特定の有力者に地域の支配権をみとめた国造制の成立ともかかわりがあるのではなかろうか。というのも、晩田山古墳群における三基の古墳は、まったく同時につくられたとは考えにくく、数十年もの年代的な開きはないものの、築造に数年程度の前後関係が存在するのは確実だろう。となると、三基が大きく間を置かずに、同じ土木技術でつくられた以上、かりに技術者が連続して派遣されたのであれば、そこには安定した政治的関係が確立していたことが前提となろう。

いずれにせよ、国造制という制度の成立、あるいはミヤケの成立にともない、各地に対する直接支配を徐々に推し進めていったことなど、ヤマト政権がすすめた政治的施策と、土嚢・土塊積み技術を採用した古墳とは、密接にかかわっているのではなかろうか。政治制度が安定化したことは、つまり氏姓制度や国造制などの出現にみえるような、政治的関係が人格的結合から制度的な結合へと転換したことを意味する。武蔵国造《むさしこくぞう》の乱や磐井《いわい》の乱などに代表される各地の有力者の反発も、こうした大きな政治システムの転換が発端になった、と筆者は理解している。

人格的結合から制度的結合へ

それまで、ともすると一代限りで失われかねなかったヤマト王権と各地の有力者との政治的連携、つまりヤマト政権の政治的枠組みは、六世紀に入ると氏族や職掌を制度化し、有力者を国造として任じることで、継続性をもった新たな局面へと移行した。筆者がこのように推定したのは、土嚢・土塊積み技術を有する墳丘がどのように分布するのか、また当該技術を採用する古墳は、古墳群のなかでどういった位置に列するのか、このように墳丘のつくりかたを観察したうえで、類例を比較・検討し、古墳全体から評価したからに他ならない。そして、六世紀という時期が、列島の政治的な支配を考えるうえで大きな画期だったと評価すると同時に、土木技術が当時の政治的関係を復元する手がかりにもなることを、あらためて強調しておく。

高大化する墳丘——大陸・半島の影響——

墳丘の急傾斜化

本書でもすでに、墳丘の傾斜角について断片的にふれてきたが、古墳の墳丘が中期末以降に急傾斜化することを、以前筆者は指摘したことがある（青木二〇〇三）。ただし、急傾斜化した理由や歴史的な背景については、筆者の力量不足もあって、この時点ではあきらかにできなかった。

その後、注目すべき研究が公にされた。吉備南部における前方後円墳後円部の高さおよび角度を検討した宇垣匡雅氏の所説である（宇垣二〇一〇）。氏によれば、古墳時代前期以降、墳丘高は徐々に減っていく傾向にあるが、五世紀末頃になると増大に転じ、ほどなく墳丘急傾斜化のピークをむかえる。具体的にみると、墳丘の傾斜角は、中期後半までいわゆる二割勾配（高さ：水平距離＝一：二）とよばれる傾斜角（二六・五度）の近似値である二七度前後に収斂されるが、墳丘高の増大にともなって四〇度前後の急傾斜へと変化するという。さらに宇垣氏は、墳丘高の増大という変化には、墳丘構築法の変化も背景にあると考え、葺石を斜面全面に構築することが困難なほど硬質な盛土に変化した点も理由のひとつとする。そのうえで氏は、五世紀末頃における墳丘の一連の変化を大きな変革と評価し、墳丘長を重視する従来の価値観が転換し、墳丘高を重視するように変化した可能性を提示したのである。この宇垣氏の指摘は、まことに重要な示唆に富んでおり、筆者としても墳丘の急傾斜化という問題は、今一度腰を据えて取り組むべき課題となった。

墳丘の高大化

筆者が、これまで足を運んだ古墳で撮影した墳丘の写真を見返してみても、たしかに古墳時代中期末頃の古墳から突如として墳丘が腰高になり、傾斜もかなりきつい例が多くなる。とくに目を引いたのが、奈良県与楽《ようらく》鑵《かん》子《す》塚《づか》古墳であった（図25）。与楽鑵子塚古墳は、舌状にのびる小高い丘の先端付近の稜線上に位置する、墳丘直径二八メートル、墳丘高約九メートルの円墳である。驚くべきは、九メートルという墳丘の高さである。九メートルという墳丘高は、前期の前方後円墳でいうと、京都府寺戸《てらど》大塚《おおつか》古墳（墳丘長九八メートル）など、一〇〇メートル近い墳丘の高さであり、わずか二八メートルの与楽鑵子塚古墳が、大型前方後円墳に匹敵する墳丘高というだけでも、いかに高いかおわかりいただけよう。

さて、ここで墳丘長に対する高さの割合を数値化してみたい。その手順は、墳丘高を墳

図25　与楽鑵子塚古墳

丘長で割り、一〇〇を乗じた数値を算出するという、いたって単純なものだ。

与楽鑵子塚古墳の場合、九メートル÷一八メートル≒〇・三二、これを一〇〇倍すると三二になる。これを長高指数とよぶ（青木二〇一六C）。前期古墳などの例は、その多くが一〇台前半から後半の値を示すので、与楽鑵子塚古墳の長高指数の高さは突出している。ここでは、長高指数が二〇を超える急傾斜となる一群を、「高大化した墳丘」と位置づける。なお、前方後円墳の場合は、墳丘の中核部分となる後円部の直径と高さから算出した数値が二〇を超える例を高大化した例とする。

高大化した墳丘の例

墳丘高が高いといえば、中国や朝鮮半島の古墳を思い出す読者もいるかもしれない。そもそも日本の古墳は、墳丘が長大な割に低いのが特徴である。

図26　双六古墳

エジプトのピラミッドや秦《しん》の始皇帝陵《しこうていりょう》の例を持ち出すまでもなく、高さで圧倒する墳墓が世界各地に存在する。それに対して日本列島の古墳は、平面規模で巨大さを誇示するイメージが強い。にもかかわらず、与楽鑵子塚古墳のごとき腰高な墳丘は、日本列島にあって異質にすら感じられる。

このほか、墳丘が高い古墳の例としてすぐに想起されるのは、玄《げん》界灘《かいなだ》に浮かぶ島、長崎県壱岐《いき》の古墳である。壱岐の古墳には、高大化した墳丘の例が多い。壱岐を代表する前方後円墳である双六《そうろく》古墳（墳丘長九一メートル、後円部直径四三メートル、後円部高約一〇メートル）は、後円部の長高指数が二三・二となり、典型的な高大化した墳丘である。壱岐には、このほかにも対馬塚《つしまづか》古墳（前方後円墳、墳丘長六三メートル、後円部直径三五メートル、後円部高約九メートル、後円部の長高指数二五・七）、鬼《おに》の窟《いわや》古墳（円墳、墳丘直径四五メートル、墳丘高一三・五メートル、長高指数三〇）、兵瀬《ひょうぜ》古墳（円墳、墳丘直径五四メートル、墳丘高約一三メートル、長高指数二四）など、高大化した墳丘の古墳が多数築造された。高大化した墳丘の類例が壱岐にこれだけ数多く分布することは、百数十キロ先には朝鮮半島が位置するという、壱岐がおかれた地理的な環境と無縁ではなかろう。

　壱岐以外にも高大化した墳丘を有する古墳は、列島の各地に点在する。先にふれた与楽鑵子塚古墳の近隣にも、市尾墓山《いちおはかやま》古墳（前方後円墳、墳丘長六六メートル、後円部墳丘高一〇・七五メートル、後円部直径三九メートル）という近畿地方を代表する後期前方後円墳が所在し、後円部の長高指数は二七・六と、まさしく高大化した墳丘である（奈良県立橿原考古学研究所編一九八四）。数々の巨大前方後円墳が営まれた古市古墳群にも、高大化した墳丘の前方後円墳が複数存在する。その代表例として、小白髪山《こしらがやま》古墳（墳丘長五〇メートル弱、後円部直径二二メートル前後、後円部高さ約四・九メートル、長高指数二二）をあげることができる。小白髪山古墳は、一九九九年に宮内庁書陵部による発掘調査が実施され、墳丘が非常に硬質な盛土からなることが報告されている（徳田二〇〇一）。

　ここでは、高大化した墳丘を有するすべての例をとりあげるほど紙幅に余裕もないため、各地の代表例をかいつまんで紹介しておこう。列島の西から順に、九州地方では久原沢田《くばらさわだ》三号墳（前方後円墳、福岡県宗像市、後円部直径二六メートル、高さ五・三メートル）、四国地方では王墓山《おうはかやま》古墳（前方後円墳、香川県善通寺市、後円部直径二〇メートル、高さ五メートル）、近畿地方では先にあげた例以外として、烏土塚《うどづか》古墳（前方後円墳、奈良県平群町、後円部直径三五メートル、高さ九メートル）や黒田大塚《くろだおおつか》古墳（前方後円墳、後円部直径四〇メートル、高さ八・二メートル）、北陸地方では十善《じゅうぜん》の森《もり》古墳

図27　黒田大塚古墳

（前方後円墳、福井県三方上中郡若狭町、後円部直径四六メートル、高さ九・六メートル）、関東地方では富士見塚《ふじみづか》古墳（前方後円墳、茨城県かすみがうら市、後円部直径四〇メートル、高さ一一・五メートル）などである。いずれの例も、後円部の長高指数は二〇～二五強を示し、まぎれもなく高大化した墳丘である。ここで例示した古墳は、王墓山古墳をのぞきいずれも墳丘長六〇メートルを超える後期古墳としては大型といえる前方後円墳であることにも注意しておきたい。つまり、該当する古墳が所在する地域の最有力者が、高大化した墳丘に葬られた公算が高いといえる。

硬質な盛土

墳丘の盛土は、千数百年もの間残されているのだから、よく締まっている場合がほとんどだ。したがって、よほど硬質な盛土でないと、強調して報告書に記載することはない。にもかかわらず、あえて硬質な墳丘盛土と明記しているのは、他の古墳と比較して、あきらかに異次元の硬い墳丘盛土だったからにほかならない。

では、これほどまでに墳丘盛土が硬かったのはなぜか。宇垣氏は、版築《はんちく》に近い土を薄く重ねた新たな盛土技術を導入したと考える（宇垣二〇一〇、八八頁）。筆者も同意見である。これは、これまでにない墳丘構築技術が、海を越えて伝わってきたからにちがいない。そして、墳丘盛土が硬質になったため、硬質な墳丘の古墳では、それまで多くの古墳で用いられてきた葺石《ふきいし》を採用しない古墳が増えたことを見抜いた宇垣氏の見解は、まさに卓見である。

しかしながら、その技術の実際はいかなるものか、後述する版築に近い技術と推測できるが、実態が詳らかではない。寺院造営技術が日本へ伝わる以前に、版築に匹敵する硬質な盛土を可能とする土木技術が日本列島へ伝わったのだろうか。実態の解明は今後の課題としたいが、以下に筆者の見通しについて提示しておこう。

見通しを述べる前に、まず筆者が強調したい点は、版築に類した技術云々という土木技術だけではおさまらない、ということだ。ここで目指すのは、五世紀末から六世紀という時期、高大化した墳丘がなぜ日本列島に出現したのか、その歴史的な背景を解明することだ。先ほど、高大化した墳丘といえば、中国や韓国の例がまず思い起こされると述べた。そこで、海の向こうの大陸や半島の例を探ることで、この疑問に接近してみようと思う。

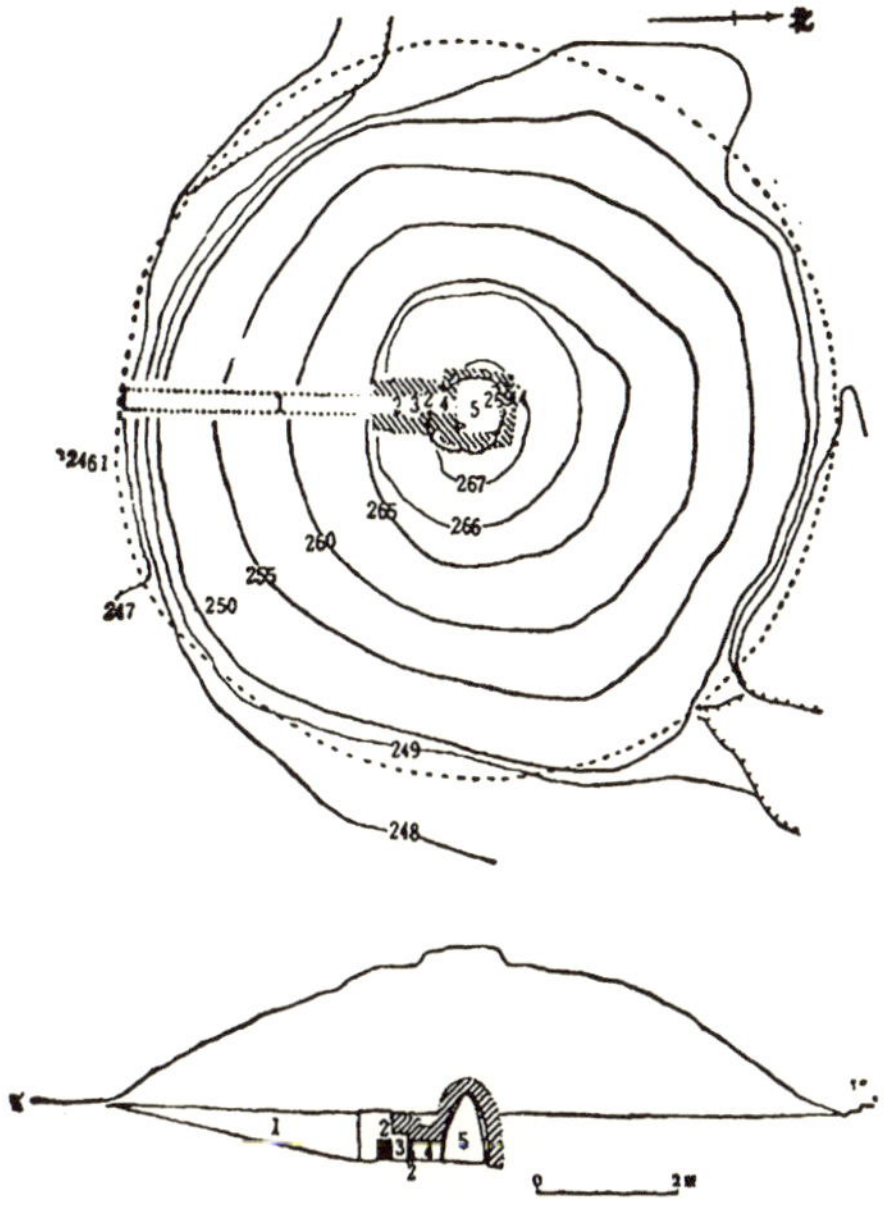

1.墓道　2.封门墙　3.前甬道　4.后甬道　5.墓室

図28　北魏景陵

北魏における皇帝陵クラスの墳墓

当時の中国（東部ユーラシア）は、南北朝時代であった。なかでも華北、すなわち北朝における四・五世紀の皇帝陵をみると、西晋《せいしん》（二六五―三一六）では墳丘をもたず、北魏《ほくぎ》（三八六―五三四）になると、円墳でかつ高大化した墳丘をつくるようになり、秦漢代の巨大な墳丘をそなえる墳墓の伝統に回帰した。その端緒となった文明《ぶんめい》皇后（文成帝《ぶんせい》皇后）の方山永固陵《ほうざんえいこりょう》は、太和五年（四八一）に築造を開始し、同八年（四八四）に完成した。墳丘は、高さ二八・八七メートル、南北一一七メートル、東西一二四メートル、長高指数は南北で割った場合、二四・七となる。第六代皇帝の孝文《こうぶん》帝陵とされる長陵《ちょうりょう》は、高さ一三メートル、一辺約六〇メートルの方形の基底部をもち、この数値からそのまま長高指数を算出すると約二二となる。さらに、第七代皇帝である宣武帝《せんぶ》（五一五年没）の景陵《けいりよう》は、直径一〇五～一一〇メートル、高さ二五メートル、長高指数は二二・七～二三・八となる。この二基の墳墓は、いずれも長高指数二二～二五程度となり、かつ一見しただけでそれとわかる高大化した墳丘そのものだ。

北魏における皇帝陵クラス以外の墳墓

五世紀後半以降、皇帝陵クラスでは高大化した墳丘であることが判明した北魏だが、それでは皇帝陵クラス以外の墳墓も高大化したのだろうか。六世紀の例だが、封龍墓《ふうりゆうぼ》（五二三年埋葬）は、一辺四〇メートル、高さ六メートルで長高指数は一五、高大化した墳丘とはいいがたい。しかし、これ以外の大型墳は高大化した例が多い。墳丘の残存度合によって数値は多少変動すると考えられるが、たとえば京兆王墓《けいちようおうぼ》（四九八年）では、周長約一二八メートル、高さ二〇メートルとされ、長高指数は九八と異常に高い。これは極端な例だろうが、六世紀以降の例では、長高指数が五〇を超える場合が多い。墳丘規模はさして巨大でなく、墳丘の残存状態も上々とはいえない。ただ、墳墓を尖塔のごとく高くみせようと腐心しているように感じるのは筆者だけだろうか。つまり、高位の人間は、墳丘規模のなかでも、墳丘高を用いて権力の所在を顕在化させる意識がはたらいていたのではなかろうか。

ここまで紹介した事例から、北魏では墳丘をつくる際、格式を表現するために高さを重視したことがうかがえる。したがって、ここまで概観してきた日本列島と北朝の墳墓が高大化した墳丘であったのならば、両地域の間に位置する朝鮮半島もこうした動向と無関係ではあるまい。東アジアの複数の地域において、墳丘の高さが階層表示に重要な指標となっていた可能性が高い。すくなくとも、北朝で高大化した墳丘をそなえた最初の墳墓が、五世紀後半の方山永固陵であることは注目できる。すなわち五世紀末頃、北魏における高大化した墳丘の出現に呼応するように、海の向こうの倭でも墳丘が高大化したのだ。これはたんなる偶然なのだろうか。いや、偶然ではあるまい。高大化した墳丘をそなえた墳墓の造営が華北で再開され、日本列島でもこれに呼応するように、高大化した墳丘が出現したことには大きな意味があったはずだ。その理由を探るべく、同じ頃の朝鮮半島の古墳はいかなる様相だったのか、事例を概観しておこう。

百済の古墳と墳丘高大化

倭《わ》と密接な交流があった朝鮮半島の地域といえば、まず百済《くだら》があがってくる。では、百済から高大化した墳丘の影響があったのかといえば、ことはそんなに単純ではない。というのも、百済ではそもそも墳丘が小規模なのだ。百済の古都である忠清南《チユンチヨンナム》道《ド》公州《コンジユ》郡公州邑、そこにある宋山里《ソンサンリ》古墳群に、武《ム》寧王《ニヨンワン》（在位四六一—五二三年）の墓がある。武寧王陵の墳丘は、直径二〇メートルほど、比高差が最高で九・九メートル、長高指数四九・五と高大化してはいるものの、墳丘が小さいうえに、山腹に包摂されており、見るものを圧倒する威容を志向したとはいいがたい（国立公州博物館二〇〇九)。五三八年、百済が泗沘《サビ》(今の扶余《プヨ》)に都を遷したのち、陵山里《ヌンサンリ》古墳群に王墓が築かれたが、一号墳は墳丘直径一三・四メートル、高さ一・五メートル、三号墳は墳丘直径約二〇メートル、高さ二メートル、いずれも長高指数が一〇程度と、高大化とは程遠い(梅原一九三八)。こうした状況、そして次に概観する新羅《しらぎ》の古墳と比較すると、倭の古墳が高大化する契機を百済にもとめるのは、やや難がある。

では、朝鮮半島において墳丘が一目でわかるほど高大化した地域は、いったいどこだろうか。韓国では、墳丘の高さを検討した研究がすでに発表されている。新羅や加耶の墳丘研究を推し進める研究者の一人、沈炫暾氏によると、本書でいう長高指数は、地域差が明瞭だという(沈二〇一三)。そこで、ここでは沈氏の所論を紹介しつつ、韓国の三国時代の墳墓について、墳丘が高大化した地域とそうでない地域を、それぞれあきらかにしたい。

高大化する新羅の古墳とその周辺

新羅千年の都、慶州に所在する王陵のうち、最大級の四基は、長高指数が二五、高大化した墳丘であることが明白だ(図29)。その代表例が朝鮮半島最大の墳丘をほこる皇南大塚である(図30)。慶州《キョンジュ》がある慶尚北道《キョンサンブクト》の中心都市である大邱《テグ》には、不老洞《プルロドン》古墳群という在地有力者の墳墓群が所在するが、そのうち最大規模を誇る古墳三基の墳高指数は、平均で二四・八と、これもまた高大化した墳丘である。また、後述する三国時代の大伽耶があった高霊《コリョン》郡の北に星《ソン》

図29　慶州の古墳

州《ジュ》盆地がある。盆地一帯は、三国時代の星山《ソンサン》伽耶《カヤ》とされる地域で、この地の有力者は、盆地内の星山洞《ソンサンドン》古墳群に葬られたと考えられる（六四頁）。星山洞古墳群にある最大規模の古墳は、長高指数が二四・三となり、不老洞古墳群と近似する。以上のように、新羅と加耶の一部では、高大化した墳丘をつくりはじめた。その時期は、五世紀前半から中頃と考えられる。

一方、加耶のそれ以外の地域では、高大化した墳丘が認められない。大伽耶《テガヤ》の中心地とされる高霊に所在する池山洞《チサンドン》古墳群は、その大伽耶王墓を含む大規模な古墳群としてつとに知られる。なかでも四七号墳は、直径が四〇㍍《メートル》ほどの池山洞古墳群中最大規模の円墳だが、長高指数は一五・二と、高大化しない。

図30　皇南大塚

慶尚南道陜山《ハプチヨン》郡には、『日本書紀』にいう多羅《たら》国の王墓を含むとされる玉田古墳群が所在するが、こちらも長高指数は一七・二、また安羅加耶《あらかや》とされる咸《ハ》安《マン》郡の支配者層が葬られている末伊山《マリサン》古墳群でも、主要古墳の長高指数は一六・八と、やはり高大化しているとはいえない。

今紹介した、韓国における高大化した墳丘、高大化しなかった墳丘の分布について、沈氏は、前者を新羅式高塚、後者を加耶式高塚とよんで区別し、それぞれ分布する地域が明瞭に区分できるとした。これは、日本列島における墳丘の高大化がどの地域の影響をうけたのか考えるうえで、重要な指摘だ。五世紀後半、新羅は倭との友好関係を維持するべく、倭と交渉を重ねていたようだ（高田二〇一七）。倭と新羅というと、敵対していたイメージがつきまとうが、だからといって双方が没交渉かといえば、そうではない。日本列島の古墳が高大化した要因は、新羅の影響があったのではないか、筆者はそう推測している。

高句麗の影響

五世紀第四四半期、北魏の王陵では墳丘が復活し、そして復活した墳丘は高大化していた。加えて加耶の一部地域、そして新羅では五世紀以降、高大化した墳丘が出現する。より細かな年代観については、日韓の研究者によってその意見が異なっている。本書は古墳の年代を細かく把握することが目的ではないので、ここでは年代観については踏み込まない。新羅と加耶の古墳は、ほぼ同時に高大化したと考える見解もあれば、加耶よりも新羅が早いとする主張もあるだろう。その当否については、今後の研究の進展にともない、あきらかになっていくはずだ。ただ、いずれの見解になろうとも、北魏王陵における墳丘の復活に先行して、朝鮮半島で墳丘の高大化がはじまったことは動かしがたい。となると、現状で資料的制約から詳細な言及が困難である高句麗が、墳丘高大化にかんして重要な役割をはたした、それだけはほぼ確実だ。というのも新羅は、五世紀前半頃まで高句麗の強い影響下にあったのだが、新羅王陵の墳丘が高大化する時期、すなわち五世紀後半に高句麗の影響を脱しつつ、勢力を強めていったタイミングと合致するためだ。

しかし、高句麗の王陵、とくに五世紀代中頃以降の例について、詳細な考古学の諸情報

図31　蓮山洞古墳群

が入手困難な現状では、詳論することがむずかしい。限られた情報からいえるのは、中国・集安《しゅうあん》に所在する将軍《しょうぐん》塚《づか》（方形の積石塚、五世紀初頭頃）の長高指数は、三九・五、それ以前の王陵とみられる積石塚を考慮すると、四世紀代の高句麗では、高大化した墳丘がすでに営まれていたことはほぼ確実だ。そうなると、墳丘高大化の発端は、高句麗の王陵にあった、そう結論づけることができるのではないか。

加耶諸地域では、高句麗の南征にともない、金官加耶が衰退しはじめたことを契機に、倭との関係にも変化が生じる。五世紀後半になると大伽耶が台頭し、倭の勢力とも通じるようになる

(朴二〇〇七)。五世紀を通じて目まぐるしく移り変わる各地の勢力図、こうした激動の時期に墳丘が高大化するのだ。

蓮山洞古墳群

加えて注目すべきは、それまで墳丘をもたない王墓をつくりつづけていた地域で、突如として墳丘を有する王墓が出現したことである。それは、金官加耶であった今の釜山《プサン》地域だ。蓮山洞古墳群《ヨンサンドンドン》は、五世紀後半頃から墳丘をもつ円墳を築造するようになる。それ以前、金海大成洞古墳群《キメテソンドン》や東萊福泉洞古墳群《トンネボクチヨンドン》のごとく、墳丘をもたない王墓が営なまれていたのに、どうして突然に墳丘を構築するようになったのだろうか。

現段階では推測の域を出ないが、おそらくこれは新羅や加耶の一部地域など、周辺地域が高大化した墳丘を築造したことと無関係ではあるまい。先述したように、新羅自体が本格的に強盛化する時期と王陵の墳丘が高大化する時期とは、ほぼ連動する。つまり各地域が、勢力を拡大していく過程で、王の権力を顕在化させるための手段のひとつとして、墳丘を高大化させた、このように理解したい。こうした影響をうけた金官加耶でも、王の権力を示現する手段として、従来はもたなかった墳丘を導入したのではないか。

以上、中国や朝鮮半島の古墳の高大化について説明した。本項の最後に、日本列島の古墳に話を戻そう。

筆者とは逆に、前方部が低いことに着目した土生田純之氏は、その低平かつ細長い前方部をもつ特徴的な前方後円墳を、その代表例から「見瀬丸山《みせまるやま》型前方後円墳」とよび、欽明《きんめい》朝に外交関係で活躍した有力者と評価する（土生田二〇一二）。墳丘形状の変化を、外交と関連づけて説明した氏の指摘は、実に示唆的だ。

見瀬丸山型前方後円墳

加えて筆者は、前方後円墳のみならず、与楽鑵子塚《ようらくかんすづか》古墳をはじめとした円墳まで含めて高大化した墳丘と評価したほうが、円墳が多数を占める朝鮮半島の例なども射程に入れた議論がしやすくなると考える。あわせて、欽明朝以降も高大化した墳丘が踏襲されていくと考え、土生田氏が「見瀬丸山型前方後円墳」として規定した例よりも、高大化した墳丘をもつ古墳について、時期の幅をより広くとらえている（一一三頁）。

墳丘高大化の意義

本章でいう高大化した墳丘や、土生田氏の説く見瀬丸山型前方後円墳、ともに特徴的な墳丘を有する日本列島の古墳は、古墳時代後期に顕著で、宇垣氏の所論によれば、中期末頃に萌芽する。こうした動向は、北魏すなわち鮮卑が中国文化を五世紀代に受容しつつ、その後半で大きく進展をみせたことと無関係ではあるまい。

新羅がはじめて北魏へ遣使するのは、六世紀初頭までまたねばならない。したがって、北魏と新羅との直接的な外交関係によって、新羅で墳丘高大化が示現したとは考えにくい。となると、新羅の北に位置する高句麗と新羅との関係を念頭におく必要があろう。高句麗は、四世紀代より北朝への朝貢をとりわけ重視しており、当然のこと北魏の動向についても敏感だったはずだ。また新羅は、四・五世紀代まで高句麗の強い影響下にあった。つまり新羅は、高句麗がすでに高大化した墳丘を築造していたことを、新羅王陵の墳丘が高大化する以前から知っていたはずである。

当時の情勢を説明すると、高句麗は百済戦略の一環として、その国力を背景に新羅との友好関係を、すくなくとも五世紀前半まで続けていた。四三三年、百済と新羅との間に同盟が交わされる。これをきっかけとして、高句麗と新羅との関係に亀裂が入り、四五四年には高句麗が新羅を攻撃することになる。その後も、四六四年に新羅王京に駐屯し内政干渉してきた高句麗兵一〇〇名を殺害するなど、新羅と高句麗との緊張関係は否応なしに増していった。こうして従来の方針を転換し、新羅が高句麗との距離をとった、いわゆる「脱高句麗化」は、新羅の国力の増大化と無関係ではあるまい（井上二〇〇〇）。その国力増強ならびに独自性を強めていく過程で、高大化した墳丘は出現した、と理解できる。

以上のことから、墳丘の高大化は日本列島にとどまらず、東アジアの各地で連動した大きな歴史的潮流のなかで必然的におこった現象と考える。そこには、勢力を伸張させつつある地域、およびその影響から逃れられない地域の権力者が、権力の顕在化をねらって、墳丘に視覚的な効果を求めた、という背景があったのではなかろうか。さらに、従来は墳丘をもたなかった地域にも墳丘が出現するほど、墳丘という装置は、周囲に権力を誇示する手段として有効な手だてと認識されていたはずだ。

その結果、一見しただけで大規模な墳丘であると周囲にしめすため、これまでになく墳丘に高さという要素を求めた。中期古墳以降、共同体内にみせる墳丘から、交通路沿いに築造することで、往来する他の勢力に誇示する墳丘へ古墳の質が変容したことも背景にあろう（五三―五四頁）。つまり、それこそが墳丘の高大化であり、東アジア世界の影響をうけた倭でも墳丘が高大化し、長さを重視した従来の墳丘から、高さを優先する墳丘へと転じた。

土生田氏が「見瀬丸山型前方後円墳」とした古墳の被葬者は、類例の築造年代からみて、氏が推定した欽明朝の外交に関与した人物だろう。ただ、高大化した墳丘は、欽明朝以前から存在することが確実と考えられるので、欽明朝からさかのぼり六世紀を前後する頃、倭の外交を担う人物が半島情勢にいち早く呼応し、築造した所産ではないだろうか。時期は継体朝、この頃になると王権が交易や外交を独占的に掌握し、さらに有力者を国造に任じるなど、地方支配も強化しようと動いたようだ（鈴木二〇一七）。こうした動向もふまえ、列島各地の有力者墓に、高大化した墳丘が波及していった、と筆者は考える。

なお、『唐令《とうれい》』や『水経注《すいけいちゅう》』などでは、秦の始皇帝陵の規模を墳高→周廻の順に記載しており、古代中国においては、規模のなかでも高さをとくに重視したようだ（森一九八六）。こうした中国における墳墓に対する観念が、日本列島でも意識されるようになったことも、墳丘の高大化をひき起こす要因のひとつとなったのではなかろうか。

敷粗朶・敷葉工法と墳丘高大化

結果、急速に普及した横穴式石室《よこあなしきせきしつ》の構造的特徴ともあいまって、墳丘規模は中期古墳と比べて小型化し、高さを強調した墳丘が増加した。

いや、むしろ墳丘を高大化させるために、横穴式石室が適していたと考えるべきかもしれない。というのも、墳丘内に埋葬後も人の出入りが可能で背の高い横穴式石室を設けると、石室を覆う墳丘もそれに呼応して高くなるからだ。そして、忘れてはならないのは、高大化した墳丘に適応した土木技術が存在した点だ。その仔細については、まだ復元できるほどの資料数はない。しかし、先に述べた土嚢・土塊積み技術を採用した墳丘には、高大化した例が存在することから、まず土嚢・土塊積み技術が、墳丘高大化の要求に応えうる土木技術と認識されていたはずだ。

さらに、墳丘高大化にともなう土木技術は、土嚢・土塊積みに限定されるものではない。示唆的な例として、大阪府羽曳野市峯ヶ塚《みねがづか》古墳（墳丘長九六メートル、後円部直径五六メートル、後円部高さ九メートル）は、墳丘下部において敷粗朶《しきそだ》・敷葉《しきは》工法が使われるとの指摘がある（羽曳野市教育委員会二〇〇二）。さらに峯ヶ塚古墳の外堤では、土嚢・土塊積み技術も採用されており、峯ヶ塚古墳は、ここでいう高大化した墳丘ではないものの、いわば先端の土木技術の結晶であった。先にあげた小白髪山古墳も、まさにこうした土木技術を駆使して築造された可能性が高い。新たな土木技術による古墳の出現と墳丘の高大化とは、決して無縁でないはずだ（羽曳野市教育委員会二〇一〇）。

敷粗朶・敷葉工法とは、中国起源の築堤技術の一種で、朝鮮半島にも伝わっていた（一六〇頁）。膨大な貯水を受け止めるという堤防の役割上、強固な構造がもとめられる。強固な構造を旨とする築堤技術が日本列島へもたらされ、墳丘を高大化させるニーズとも合致し、墳丘構築技術に敷粗朶・敷葉工法を援用した。つまり、地域の開発に必要な技術が古墳築造にも投下されることとなった。筆者は、土木技術からみた墳丘高大化を以上のように評価する。

仏教寺院と土木技術

飛鳥時代

版築の出現

終末期古墳

土木技術にまつわる話は、いよいよ飛鳥時代へと歩を進めてきた。飛鳥時代といえば、仏教寺院の建立に代表される仏教文化が日本列島に花開いた時代である。当然、話の中心に寺院をすえるのは必定だが、この章では、あえてこれまでの話を引き継ぎ、古墳から話をはじめたいと思う。というのも古墳の築造は、古墳時代後期で終わらずに、そのまま飛鳥時代にも連綿とつづく。だからこそ、もう少し古墳を追いかけておくことも欠かせないと考えるためだ。

前方後円墳《ぜんぽうこうえんふん》の築造が終焉をむかえるのは、六世紀後半〜七世紀初頭頃のこととされる。西日本では六世紀後半頃、東日本ではやや遅れて六世紀末以降と考えられるが、さほど時をおかずに列島各地で前方後円墳の築造が止むことは、ほぼ同じ時期に列島各地で前方後円墳を築造する意義が薄れたことのあらわれだろう。しかし、その後も古墳自体の築造は続いた。こうした前方後円墳の終焉以後につくられた古墳のことを終末期古墳とよび、前方後円墳の時代、すなわち古墳時代につくられた古墳とは区別しておく。

大化薄葬令と高大化した墳丘

終末期古墳の築造になろうとも、先述した高大化した墳丘の築造が止むことはなかった。むしろ、よりその傾向が加速したといってもよい。それは、大化薄葬令《たいかはくそうれい》を読んでみると、はっきりとする。

『日本書紀《にほんしょき》』大化二年（六四六）三月条には、王以上の玄室《げんしつ》（横穴式石室《よこあなしきせきしつ》）のうち、遺骸を納める部屋）の間口と奥行が九尺と五尺、方墳の場合墳丘は一辺九尋、高さ五尋とし、役夫を千人使い、七日間でつくるとし、以下上臣や下臣など、各階位の人物の墳墓の規模や役夫《えきふ》の員数や造墓日数などが規定されている。加えて、墳丘の有無や殯屋《もがりや》の禁止など葬制についての決まりごとを記す。なお殯とは、埋葬まで遺骸を安置して種々の儀礼を催行することの意なので、こうした儀礼をおこなう仮設建物を禁止し、葬送儀礼と墳墓を簡略化するねらいがあったと考えられる。しかし、ここでは薄葬だけでなく、墳丘の長さと高さとの割合に注目したい。たとえば王以上の墳墓の場合、一辺九尋に対して高さが五尋と、尋常ならざる高さの割合である。つまり、この規定どおりに墳丘をつくった場合、相当な急傾斜となってしまう。

大化薄葬令の内容や作成の時期については異論があるものの、近年では考古学的検討から、造墓に一定程度の規制があった点を重視する見解がある（高橋二〇〇九）。既述のとおり、古墳時代中期末以降、有力者の古墳に高大化した墳丘が一定数存在し、墳丘で優先されるべき要素は、長さから高さへとシフトしていったとみられる。したがって、高さを第一におく見方が、当時一般化していたのは疑いのないところである。であれば、こうした規定をふまえて高大化した墳丘づくりが実施されたとみても、なんら矛盾はしない。

横山浩一は、大化薄葬令にみられる記載内容に準拠した古墳がほとんど存在しないけれども、記載内容に近づけようとした例が、大分県大分市古宮《ふるみや》古墳など、少数だが認められる、このことから大化薄葬令を全て後世の脚色とみなすのも問題があると説く（横山二〇〇三）。奈良文化財研究所に在職していた数年前のこと、筆者は、同僚の廣瀬覚氏や若杉智宏氏らとともに、キトラ古墳の墳丘復元に携わる機会をえた。墳丘を復元するのだから、その傾斜角は重要な要素である。そこで、終末期古墳の傾斜角はどれほどか、発掘調査された例を中心に墳丘斜面の角度を計測してみたが、一例としてキトラ古墳の下段で五四・五度前後、上段立ち上がり付近で五三度前後と、予想を上回る急傾斜だった（若杉二〇一二）。ほかの古墳でも傾斜角が五〇度を超える例が存在し、終末期古墳の墳丘が、従来の墳丘のようになだらかな丘とならず、「基壇《きだん》状」になることをあらためて認識した。墳丘の高大化は、後期古墳から止むことなく続いていたのだ。

しかしながら、後期古墳の墳丘構築技術といっさい変わらぬまま、終末期古墳の墳丘高大化は推し進められたのだろうか。調べてみると、やはり墳丘に用いられた土木技術は大きく変わったようである。その技術の名は、版築《はんちく》。これ以降、本書のキーワードとなる、古代を代表する土木技術のひとつだ。

版築の定義

まず、版築発祥の地である中国における版築の定義を紹介しておこう。版築とは、壁や土壁、城壁などに広範に用いられる土木技術であり、具体的には土や石でつくる垣根である牆《しょう》を築く際に、幹楨《かんてい》とよんでいる木の棒を垂直方向にたてて、二本で対となる幹と楨の両側に板を差し込み、この幹楨と板（中国では牆板、日本では堰板《せきいた》あるいは枠板とよぶ）の間に土をつめて上からたたく技術である（林編一九七六、図32）。その歴史は古く、龍山文化の時代（紀元前二〇〇〇年頃）、黄河流域において堰板（版）と突棒《つきぼう》（築）を使って締め固める版築技術が出現し、商代に飛躍的に発展したという（孫一九九〇）。

中国建築史の田中淡によると、古代中国では北方が土の文化、南が木の文化であり、双方の伝統を融合させてきた歴史という（田中一九八一）。この考えを付会すれば、土を強固にする版築は、まさに中国の北側、つまり華北にその原点があるといえるだろう。さらに

図32　現代に伝わる版築（中国・交河故城付近）

出現地域からみても、版築は黄土と表裏一体の関係、いうなれば、華北の大地に無尽蔵ともいえるほど包蔵される黄土を、土木事業へいかに活用するか、という点に尽きよう。

日本の版築も、突棒を用いて突き固める点は中国と共通するが、堰板の存在が確認できる例は少ない。それは寺院や宮殿における基壇などの場合、基壇より一回り大きな範囲を堰板で仕切り、版築の完了後に縁辺部をカットしたのち、基壇版築の外側を石や瓦などで覆うため（基壇外装）、堰板の痕跡が消失してしまった、などが理由だろう。したがって、中国での定義をあまり厳密に適用すると、版築とされる例は、先述した中国における版築と類似した痕跡が

図33　薬師寺東塔の礎石周囲にみられる突棒痕跡

認められる城壁など、一部の遺構に偏ってしまう。とはいえ、突棒で叩き締めて硬質な地盤を生成する技術は、寺院や宮殿の基壇をはじめ列島各地に存在するため、堰板の有無だけで版築か否かを判断するのは、実情をとらえていない議論に陥りかねない。

そこで筆者は、突棒によって突き固める技術、これを日本における版築の定義とした（青木二〇一四B）。版築土層を転写したはぎ取りを注視すると、波状の層理面が観察できることがある。この波状のラインこそ、突棒によって叩き締められることで生じた凹凸であり、対象となる遺構が版築である動かぬ証拠となる（図33）。

図34　キトラ古墳の墓道部と版築

牽牛子塚古墳《けんごうしづかこふん》やその前面で発見された越塚御門古墳《こしづかごもん》、石室内の壁画で著名な高松塚古墳《たかまつづか》やキトラ古墳など、飛鳥地域およびその周辺地域の古墳の墳丘は、版築を採用する（図34）。版築の技術的な委細については、あとで詳述するためここでは説明を省くが、これは寺院の基壇構築技術であり、その技術を墳丘に転用したことになる。版築は、もともと城壁に用いられた技術のため、当たり前だが垂直に近い急角度で立ち上がる。したがって、傾斜が急な構造物を構築するには格好の土木技術こそ版築であり、高大化した古墳の墳丘に使わない手はない。さらにいえ

版築技術の採用

ば、高大化した墳丘をつくるため、従来の墳丘構築技術から版築へシフトするのは、むしろ当然の帰結であった。

これら古墳の墳丘構築に採用された版築技術は、後述する飛鳥寺などの技術と酷似する。つまり、飛鳥寺にはじまる本格的な仏教寺院を造営する技術を援用することで、高松塚古墳やキトラ古墳などは築造された、ということになる。この点については、あらためて詳述することとしたい。

飛鳥寺の建立と百済

飛鳥寺の造営

『日本書紀《にほんしょき》』崇峻《すしゅん》天皇元年是歳条には、次の有名な一節がある。

百済国《くだらのくに》、恩率《おんそち》首信《すしん》・徳率《とくそち》蓋文《こうもん》・那率《なそち》福富味身《ふくふみしん》等を遣して、調《みつき》進《たてまつ》り、幷《あわせ》て仏の舎利《しゃり》、僧《ほうし》、聆照《りょうしょう》律師《りつし》・令威《りょうい》・恵衆《えしゅ》・恵宿《えしゅく》・道厳《どうごん》・令開《りょうけ》等、寺工太良未《だらみ》太《だ》・文賈古子《もんけこし》、鑪《ろ》盤博士《ばんのはかせ》将徳《しょうとく》白味淳《はくまいじゅん》、瓦博士麻奈文奴《まなもんぬ》・㥄貴文《りょうきもん》・陽貴文《ようきもん》・昔麻帝弥《しゃくまたいみ》、画工白加《びゃくか》を献る。（中略）飛鳥衣縫造《きぬぬいのみやつこ》が祖樹葉《おやこのは》の家を壊ちて、初めて法興寺《ほうこうじ》を作る。

いうまでもなく、飛鳥寺《あすかでら》の造営開始についての記事だ。古代寺院の象徴的存在でもある塔は、推古天皇元年（五九三）正月一五日に、心礎《しんそ》に仏舎利《ぶつしゃり》（釈尊の遺骨）を納め、翌一六日に心柱をたてた記事が、おなじく『日本書紀』にみえる。推古天皇四年（五九六）一一月には「法興寺造り竟《おわ》りぬ」とあるので、この頃には塔もおおよそ完成していたのだろ

図35　飛鳥寺の塔心礎と版築

う。

飛鳥寺は、昭和三一・三二年（一九五六・五七）に発掘調査がおこなわれ、塔と金堂《こんどう》が一直線に並び、東西両脇に金堂がさらに配置されることを特徴とする伽藍《がらん》配置があきらかになり（飛鳥寺式）、塔心礎《とうしんそ》からは数多くの埋納品が出土するなど、調査成果は、以後の古代寺院の調査・研究に大きな影響を与えた。

さて、塔基壇発掘調査時の写真が残されているが、ここに掲げた一枚は、心礎上面を精査する調査員が写っている作業風景だ（図35）。心礎の状態がよくわかる写真としても貴重だが、実のところこの写真には、もうひとつ土木技術の観点から重要な事実が記録されている。

飛鳥寺塔の版築

まず飛鳥寺の塔は、日本列島ではじめて版築を用いた総地業の例とされる。発掘調査報告書には、版築について詳細な記載があるので引用しておきたい。

「塔の基壇は地山を三六・五尺四方に掘り込んで地業を行っている。（中略）心礎四周に橙黄色の砂を充填している。そのうえに二〜三寸の黒砂をまじえた褐色砂層があり、この上に七〜八寸の礫をまじえた橙黄色の砂で心礎上面と同一面まで極めて固く叩きしめられていた。（中略）これ以上は心柱をたてた後に壙一面を水平に、二〜三寸の茶褐色粘質粘土の薄層を重ねて積み上げていた。現在これが地山上面より一・六尺上まで残っている。この間に地山より三・二尺下に黒砂の薄層、二・三尺下に極めて固く搗き固めた細礫まじりの層、ほぼ地山面と同一面に細砂層などが認められた」（奈良国立文化財研究所一九五八、一八頁）。このように飛鳥寺塔の掘込《ほりこみ》地《じ》業《ぎょう》（古代における地盤改良技術の一種、一八六頁）は、橙黄色砂、茶褐色粘質土をそれぞれ主体的に使う、性状の異なる土を二種類以上用いて版築したことがうかがえる。先の写真（原版はカラー）は、その版築土のちがいが克明に写し出されており、ここが土木技術を考える上で重要なのだ。では、版築土のちがいがなぜ重要なのか、順を追って説明してみよう。

飛鳥寺塔の心礎

飛鳥寺の塔心礎は、現地表面から二・七メートル下の地下深くに設置されている。これは、地面がかさ上げされて高くなったのではなく、はじめから地下深くに設置したためだ。飛鳥寺建立以前に造営された百済の王興寺《ワンフンサ》や軍守里寺《クンスリ》など、いずれも寺院の塔心礎は地下に設置されている。さらに、北朝の寺院でも、北魏洛陽永寧寺《えいねいじ》などをはじめ、塔心礎は地下に据え付けられており、木塔の心礎は地下に設置することが本来的なありかただった。飛鳥寺塔は、こうした伝統に立脚して造営された。

話を戻そう。飛鳥寺塔心礎の周囲には、巨大な心礎を設置するため、巨大な穴とスロープが設けられた。そのうえで、心礎を設置したのち、心柱《しんばしら》が立てられる。この心柱立柱の儀式については、『日本書紀』に詳細な記載が残るが、具体的な内容については、飛鳥寺の造営全体を詳細に検討した大橋一章氏の著作が参考になる（大橋一九九七）。

異なる性状の土を組み合わせる版築

一定の厚みに達すると、それまでと違う性状の土砂に変えて突き固める版築の技術、これは飛鳥寺にはじまり、山田寺《やまだでら》の塔や金堂、川原寺《かわらでら》や奥山久米寺《おくやまくめでら》の塔など、その後も飛鳥地域の各寺院に受け継がれていく（図36）。

飛鳥寺の造営に百済の工匠が大きく関与したことは、本章の冒頭に述べたとおり動かしがたい。このほか、基壇外装とよばれる建物土台部分の外側を石や瓦などで覆う施設につ

図36　山田寺の塔基壇と版築

いては、百済の例と酷似することから、おなじく百済の寺工の手になると理解されている（趙二〇〇六）。これと同様、版築も百済から将来された土木技術なのだろうか。であれば、百済の版築技術がいかなる特徴を有するか、そこをあきらかにしなければ、版築技術が百済に由来するか否か結論がだせない。そこで、次に百済寺院の基壇構築技術について概観し、その技術的特徴をあきらかにした上で、百済と飛鳥寺、双方の基壇構築技術が相関するか検討し、日本における版築技術の起源に迫ってみよう。

百済の例・王興寺木塔

忠清《チュンチョン》南道《ナムド》扶余《プヨ》郡に所在する王興寺《ワンフンサ》は、寺名のとおり百済王の発願により丁酉年（五七七）二月創建と伝わる。近年の国立扶余文化財研究所による発掘調査によって、未知の寺院の存在があきらかとなり、なかでも木塔心礎孔から創建年が刻まれた舎利容器が出土したことは、韓国のみならず日本でも大きく報じられた。王興寺は、主要堂宇が南北方向で一直線に並ぶ伽藍配置をとり、木塔が金堂の南側に所在する。基壇および掘込地業の断ち割り調査により地下式の塔心礎と周囲のつくりかたがあきらかになった（国立扶余文化財研究所二〇〇九）。具体的には、掘込地業の底から心礎石上面付近までは黄褐色粘質土（厚さ約〇・七メートル）、その上は褐色系の砂質土を八層（厚さ約〇・七メートル）、さらに基壇部は赤褐色砂質粘土を用いて入念に版築する。図面や報告書の記述からみて、版築に使われた土は、掘込地業の内部で上下二種類、そして基壇土では、また異なるものを使っていたようだ。つまり王興寺木塔は、三つの性状の異なる土を使い分けて版築した。

なお、創建が六世紀前半～中頃と王興寺よりも古いとされる軍守里寺《クンスリサ》の塔は、王興寺木塔と同じく粘質土や砂質土を何種類も使い分けて版築していた（国立扶余文化財研究所二〇一〇）。

百済の例・弥勒寺木塔

弥勒寺《ミルクサ》は、全羅北道益山市《チョルラプクトイクサン》に所在する百済を代表する寺院のひとつである。その創建は、百済武王《ムワン》代（在位六〇〇～六四一年）とされる。中院にある木塔は、九重塔と推定される巨大な塔建築と推定される。ここでは、掘込地業と基壇とをあわせて約四・五メートルの厚さを、さまざまな色調の砂質土と粘質土とを交互に一層あたりの厚さ三～五センチ程度に版築し、下約二メートルを割石と土とを交互に突き固めていた。つまり、弥勒寺木塔では、礫を多用する部分と砂質土・粘質土を用いる部分、大きく二つに分けて版築したとみなしうる。

なお、『三国遺事《さんごくいじ》』武王条に、武王が王妃の願いを聞き届けて建立した旨の記載があるが、西石塔から出土した舎利容器の銘文にはそうした事項は刻されていない。さらに武王条には、新羅真平王《ジンピョンワン》も弥勒寺造営に際して、百工（あらゆる職人）を送って助けたとある。この記載については、真偽のほどを疑う意見が支配的だが、筆者は版築と礫とを併用する弥勒寺木塔の基壇構築が、百済と新羅双方の特徴を反映した所産と理解するため、ある程度実情に沿った記述ではないかと考える（青木二〇一二C）。土砂による版築を基本とする百済、版築によらず礫と土とを交互に重ねる新羅、いずれの方法も弥勒寺木塔の基壇に含まれるためである。当時の外交政策と密接にかかわってくるが、外交上必要となれば、大規模な寺院造営が他国との共助関係によって成し遂げられたこともあったのだ。つまり、

図37　弥勒寺西石塔の塔基壇と版築
画面左の人物が指さすのは無数の突棒痕跡

大規模寺院の造営は、国家同士の共助を必要とするほどの一大事業であった、と考えられる。

百済の例・弥勒寺東石塔

弥勒寺では、木塔のみならず東西両石塔でも掘込地業がみとめられ、礎石の下端から〇・三メートルは石混じりの赤黄色粘土、その下約一メートルは暗褐色砂質土と割石を五段にわたって積み重ねる。これは基壇と掘込地業で用いた土が異なることを意味し、弥勒寺東塔は複数の単位によって掘込地業と基壇を構築したことがわかる。さらに割石を何層にもわたって敷くことも特徴として明記される。

百済の例・弥勒寺西石塔

西石塔では、近年解体修理工事が実施され、それにともなって発掘調査が実施された（国立文化財研究所・全羅北道二〇一二）。基壇の下半は褐色系の砂質粘土と砂質土、上半は灰黄色砂質粘土を版築し、掘込地業では大型の礫と土砂とを交互に突き込んでいた。掘込地業の上半では暗灰色砂質粘土、下半では明黄褐色砂質土を主として使用する。つまり、弥勒寺西石塔では、基壇および掘込地業に四種類の土砂を使い分けて版築をおこなった。なお、堀込地業内は直径一〇センチ内外の突棒痕跡も明瞭で、版築を用いたことが明白だ（図37）。

以上の三基からなる弥勒寺の塔は、調査成果からみて、いずれも割石を用いて掘込地業を構築し、版築を採用すること、基壇と掘込地業では土質が異なることから、複数種類の土砂を用いて版築すること、以上が土木技術的からみた特徴として抽出できると同時に、他の百済寺院にない特徴も有する。

百済の例・王宮里遺跡五重石塔

遺跡名が示すとおり、百済王宮が営まれたと推定される益山《イクサン》の王宮里《ワングンリ》遺跡には、有名な五重石塔がある。これは王宮の営まれた時期より後出するが、石塔建立以前に木塔が造営されたと推定されており、その木塔にともなうとされる掘込地業と版築が確認されている。基壇部は削平されており判然としないが、掘込地業内は黄色砂質土と赤褐色粘質土を互層に版築している。なお本例は、

図38　帝釈寺塔における掘込地業と基壇の版築

版築の際の突棒痕跡が良好に残っていたことでも知られる。

百済の例・帝釈寺木塔

全羅北道益山市にある帝釈寺《チェソクサ》は、百済・武王代に建立されたと考えられる寺院で、先に紹介した王宮里遺跡からも近い丘陵上に位置する。武王四〇年（六三九）に落雷により焼失したとの記事があるので、それ以前の創建とみてよい。木塔の版築は、よくみると三種類の土砂にわかれるが、掘込地業部分と基壇部分とでまず大きく二つにわかれ、さらに基壇部分は二種類の土砂が使い分けられている。現存基壇高二・五メートル、掘込地業の厚さ一メートル、掘込地業の底から基壇上まで版築をおこなった厚みの合計は、約三・五メートルをはかる（国立扶余文化財研究所二〇一二）。現在韓国で発見されている版築を用いる例のうち、本例は最も緻密かつ秀麗な版築といわれる（図38）。

百済における版築の特徴と飛鳥の寺院

以上、百済を代表する寺院の基壇構築技術について瞥見してきた。その特徴をまとめると、まず版築を用いること、そして一定の厚さになるまで版築すると、それまでの版築土とは性状の異なる土砂に代えて、また一定の厚さまで版築する、いわば土の性状を変えながら版築する、これが百済の基壇づくりに採用された版築技術であり、かつ飛鳥寺塔の版築とも共通する。つまり、飛鳥寺における版築技術は、その類似性などから百済からもたらされたと結論づけられる。

補足すると、この技術を採用した基壇の例は、版築の下層に粘性の強い土をふんだんに使い、上層になると砂質土を用いる例が多い。つまり、低地の古墳の例と同じく、この技術は、地下水などを基壇があまり吸い込まないための工夫と考えられる。そして、この技術は、飛鳥寺の塔にはじまり、以降、奥山久米寺、山田寺、川原寺など、飛鳥地域における寺院の造営に受け継がれていく。さらには藤原宮や平城宮など、瓦葺きになった宮殿の主要殿舎の基壇や掘込地業、大安寺、薬師寺、興福寺、東大寺など平城京の大寺院にも採用されていった。百済からもたらされた技術が、古代の寺院・宮殿を支える基幹的な土木技術であり続けたのだった。

それでは、百済の版築技術は百済のオリジナルだろうか、それとも他地域の影響のもと成立したのか。そこをあきらかにするためには、百済の通交相手を知っておく必要がある。

百済における仏教伝来と外交政策

百済は、近肖古王《クンチョゴワン》（在位三四六―三七五年）の治世に、東晋へ朝貢し（三七二年）、東晋、百済、倭との関係を強固にすることで、北の高句麗に対抗する外交戦略をとった。三八四年に百済へ仏教が伝わり、腆支王《チョンジワン》の時代（在位四〇五―四二〇年）、即位後間もない四〇六年に東晋へ朝貢し、四一六年に東晋の安帝より鎮東将軍百済王に任じられた。東城王《トンソンワン》代（在位四七九―五〇一年）に、北朝と通じていた高句麗の長寿王《チャンスワン》が南朝に朝貢したことを聞き、南朝にも遣使した。さらに武寧王《ムニョンワン》（在位五〇二―五二三年）の時、仏教に篤く帰依していた梁の武帝に五一二年、五二一年と朝貢している。当時の百済の都は、熊津《ウンジン》（現公州）におかれたが、百済期の建立とされる寺院は、大通寺《テートンサ》、西穴寺《ソヒヨルサ》、南穴寺《ナムヒヨルサ》の三ヵ寺があげられ、なかでも大通寺は壮大な伽藍だったと伝わる。武寧王を継いだ聖王《ソンワン》（聖明王《せいめいおう》とも、在位五二三―五五四年）は、日本へ仏教を伝えたことでも知られるが、従来の路線を引き継ぎ、梁との関係を重視する政策をとった。

『梁書《りょうしょ》』によると、五四一年に百済は梁へ朝貢し、経疏《きょうしょ》・毛詩《もうし》博士《はかせ》・工匠・画師などを請い、梁の武帝（在位五〇二―五四九年）は、これらを百済へ送ったとある。熊津から泗沘（現扶余）へ遷都して三年、新たな都での寺院造営に際して、中国渡来の技術や文物がとくに重要視されたことは想像に難くない。実際に、梁と百済との通交が活発だったことで、百済における仏教の急速な発展と結びついたとする見解もある。筆者も同感だ。

南朝の影響

このように、四世紀から六世紀前半にかけて、百済は南朝重視の外交政策をとったが、その背景に、北に位置し敵対関係にあった高句麗に対抗する外交戦略があったことは自明である。そのため、百済が半島の背後にひかえる倭との関係を重視したとみられる。高句麗は、南北朝双方に朝貢していたが、徐々に北魏との結び付きを重視するようになり、やがて明確に北朝を重視する外交政策をとった。そこで百済は、北朝と対立する南朝との通交を重視する外交政策をとったのだろう。文化面からみても、百済における南朝の影響は大きかった。

その最も顕著な例として、忠清南《チュンチョンナム》道《ド》公州《コンジュ》市の武寧王陵《ムニョンワンルン》があげられる。武寧王陵は、墓誌から王の没年が判明した古墳というだけでなく、墓室の断面形状がアーチ型を呈し、石でなくレンガでつくられた塼室《せんしつ》である。加えて、南朝製の舶載鏡が副葬されるなど、墓制や文物といった多方面に南朝の影響が色濃く反映された古墳であることは確実だ。六世紀後半、北朝に対して朝貢の頻度が高まっていくにしても、百済では、仏教をはじめ多方面に南朝の影響が大きかったことは否定しがたく、百済における土木技術の系統を考える上でも、南朝の存在を抜きに語ることはできない。

南朝で造営された寺院は数多い。南朝の都であった建康《けんこう》（現在の南京）には、鶏鳴寺《けいめいじ》（旧名同泰寺《どうたいじ》）や栖霞寺《せいかじ》など現在まで残る寺院も存在するが、発掘調査によって当時の基壇構築技術がはっきりと分かる報告例がきわめて少ない。ただ、筆者が中国の研究者に南朝寺院の基壇版築の様相を質問したところ、いわゆる山土を多用した版築が多く、華北の版築とは様相が異なっているとの返答であった。とりもなおさず華北における黄土を使った版築とは大きく異なる特徴を有する版築ということだ。つまり南朝の版築は、百済の版築に類似する可能性が強まってくる。南朝から仏教が伝わった百済だからこそ、基壇構築技術も南朝から導入したと考えておく。

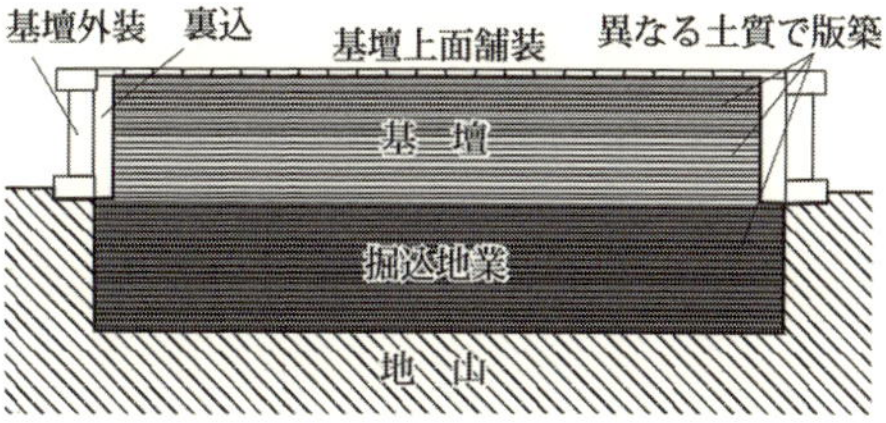

図39　南朝・百済系統の技術模式図

南朝・百済系統の技術

では、これまでの説明を総括し、版築技術が伝わったルートを推定してみたい。

まず、中国南朝の寺院造営に採用された山土を使用した版築が、百済へ仏教が波及することにともなって百済に伝わり、この技術をもとに百済では版築基壇がつくられる。それは、性状が異なる土壌を使い分けて突き固める版築技術だった。百済の都が、熊津（現公州）から泗沘（現扶余）に遷されたのち、同様な版築技術を用いたが、その頃倭にも百済から仏教が伝わった。いや、伝わったと書くよりも、倭は意図的に仏教を導入したとすべきかもしれない（佐藤二〇一六）。

その後、本格的な仏教寺院の造営、すなわち飛鳥寺の造営をはじめようとした倭に対して、百済から寺院造営のプロフェッショナルが送られ、造営がはじまる。当然のこと、飛鳥寺では百済の技術が随所に反映された造寺となったのだが、そうした技術のひとつに版築技術があったと考えられる。そしてその技術は、これ以降造営された飛鳥やその周辺地域の寺院造営にも引き継がれた。さらに、古墳の墳丘構築技術にも転用され、古代日本の寺院や古墳などに欠かせない土木技術として、百済由来の版築技術は、こうして日本列島に定着することとなった（青木二〇一二C）。本書では、この百済由来の技術を技術が伝播したルートにしたがい、「南朝・百済系統の技術」と呼称する。

大陸からやってきた版築技術
——華北の影響——

まず、結論めいたことから述べるが、日本列島における版築は、ここまでで説明してきた南朝・百済系統の技術に限定されていたわけではない。ここでのキーワードは、見出しにかかげた「多系統化」である。端的にいえば、飛鳥寺や山田寺などの版築技術とはちがう技術でつくられた基壇が存在する、ということだ。それでは、版築技術はいかにして多様化が進み、また各種の版築技術がどこからもたらされたのか。この疑問に答えるため、早速だが類例を概観することからはじめよう。まずは、舒明天皇が発願した百済大寺《くだらおおでら》と推定される吉備池廃寺《きびいけはいじ》から。

複数の技術系統

吉備池廃寺の基壇

奈良県桜井市に所在する吉備池廃寺は、平成九年度〜一二年度（一九九七〜二〇〇〇）にかけて発掘調査を実施した。発掘調査の結果、

図40　吉備池廃寺金堂の基壇と掘込地業にみえる版築

七世紀前半に創建されたそれまでの寺院と比べて飛躍的に巨大化したこと、法隆寺式伽藍配置のように塔および金堂が並列すること、南面回廊に二つの門が取り付くこと、さらに創建時の瓦が山田寺式軒瓦であり、製作年代が山田寺に先行することなど、従来の寺院にない特徴をそなえた伽藍であることなどがあきらかになり、この寺院が幻の百済大寺であった可能性が浮上した。

吉備池廃寺塔基壇に使われているのは、これまでとりあげてきた南朝・百済系統の版築技術とは異なる版築技術である。具体的に説明すると、金堂では谷が入り込む場所を整地し、掘込地業をおこなっているが、掘込地業の底から基壇頂にいたるまでほぼ同一の土を一貫して使い続ける（図40）。掘込地業は認められないものの、塔も基壇の上から下までほぼ同一種類の土で版築する点で共通する。これは、どうみても異種の土砂を用いる南朝・百済系統の技術とはちがう。

では、ほぼ単一の種類の土で版築する技術は、どこからやってきたのか。探索してみると、どうやら中国、それも華北一帯の技術が起源となるようだ。中国華北を流れる大河、黄河流域の版築は、黄土高原から運ばれ、堆積した膨大な量の黄土を用いる。徹頭徹尾黄土を使うわけだから、強度を増すため混和剤を加える場合があるものの、原則として版築土は黄土にほぼ統一される。北魏（三八六—五三四年）の都であった洛陽、そこで五一六年に創建された永寧寺、一九七九年から一九九四年まで発掘調査された巨大寺院だが、その中心にそびえていた塔は、高さ一〇〇メートルを優に超える古代東アジア最大の塔であった。発掘調査の結果、永寧寺塔基壇は、主に黄土を版築した巨大な規模であったことが判明した（中国社会科学院考古研究所一九九六）。基壇の仔細は、城倉正祥の所論に詳しい（城倉二〇一二）。類例が朝鮮半島に見当たらないことから、こうした単一の土を基調とする華北の版築技術は、なにかしらかの契機により日本列島へもたらされ、舒明天皇が発願した初の国立寺院である百済大寺とみられる吉備池廃寺の土木技術として採用された、と考えたい。百済大寺は、従来とはことなる技術によって造営されたのだ。飛鳥から少し離れた土地に初の勅願寺を建立する、その寺院はこれまでにない伽藍配置を採用した。ここに、当時権勢をほしいままにしていた蘇我氏と一線を画そうとした舒明天皇の気概を感じ取るのは、少々穿ちすぎだろうか。

さて、先程「なにかしらかの契機」と書いたが、これは具体的になにをさすのか。吉備池廃寺の版築技術に似た例は少ないが、吉備池廃寺に先行する寺院で採用された点が鍵となるだろう。その寺院は法隆寺若草《わかくさ》伽藍《がらん》跡、すなわち聖徳太子《しょうとくたいし》が発願した斑鳩寺《いかるがでら》である。

法隆寺若草伽藍跡の版築技術

奈良県斑鳩町法隆寺若草伽藍跡（以下、若草伽藍）、つまり斑鳩寺の伽藍は、かれこれ数十年前に発掘調査がおこなわれ、近年その調査成果をまとめた報告書が刊行された（奈良文化財研究所二〇〇七）。報告書を紐解くと、金堂が塔に先行して造営されたことなど、日本古代の寺院造営の特質があきらかにされている。そのなかで筆者が注目したのが、塔と金堂の版築である。報告書の記載によると、基壇はほぼ失われているが、金堂ならびに塔の掘込地業は、大半が褐色系の砂質土を用いて版築したようだ。少なくとも掘込地業をみるかぎり、版築に使う土を一定の厚さで変えて版築したとはどうも考えにくい。

さて、若草伽藍の塔心礎は、明治時代に持ち出されたのだが、昭和一四年（一九三九）になって現地に戻され、その際心礎の位置を確かめるために発掘調査を実施した、という履歴がある。注意したいのは、この塔心礎が創建時どこに設置されたかという点だ。報告書を読んでみても、掘込地業の内部に心礎を据え付けた穴が存在したとはどこにも書いていない。ということは、心礎は少なくとも失われた基壇の中、あるいは上面に設置されたと判断してまず間違いない。そもそも地中深くに埋まっている地下式心礎をわざわざ掘り出して動かしたとは考えにくく、実際に地下式心礎の塔の例のうち、心礎を運び去った例はまずないだろう。吉備池廃寺塔も、地下式心礎の可能性はほとんどなく、基壇の内部にも心礎を設置した痕跡は見いだせないことから、心礎が基壇内のどこかに設置されていた可能性が高い。そしていずれの塔も、七世紀前半の造営であり、ほかの地上式心礎の例よりも古い（佐川二〇一〇）。

華北系統の技術

結論をいえば、これら二つの寺院の塔は、ほかの塔とは別の技術系統の所産と考えるのが妥当で、版築技術と心礎の設置位置など共通点もいくつか見いだせる。少なくとも、飛鳥寺からはじまる南朝・百済系統の技術とは、別系統の諸技術によって二つの塔が造営されたとみてまず間違いない。つまり、華北に端を発する技術が、斑鳩寺と百済大寺とに採用されたのだ。年代的にみて、この技術は、推古《すいこ》天皇の治世に遣隋使《けんずいし》が持ち帰った可能性が高く、本書では、一種類程度の土砂で版築する技術を「華北系統の技術」とよび、「南朝・百済系統の技術」とは明確に区別したい。

天香久山と版築土

ちなみに、吉備池廃寺の版築土は橙褐色土、いわゆる山土を主体とするが、橙褐色土を版築土に使用する例は少ない。しかしながら、

酷似した土を用いる遺跡は、わずかながら存在する。それが藤原宮大極殿《ふじわらきゅうだいごくでん》南門と大官大《だいかんだい》寺《じ》の堂塔だ。これら三遺跡は、いずれも天香久山《あまのかぐやま》の周辺に所在することと、天皇が造営を命じた施設という点が共通する。天香久山には、これらの版築土とよく似た山土がある。ちなみに天香久山の土は、ヤマトを代表する神聖なものと認識されており、『日本書紀』崇神天皇一〇年九月条には、謀反の気配ありとされた武埴安彦《たけはにやすひこ》の妻、吾田媛《あたひめ》が密かに天香久山にやってきて、土を盗み取って「是《これ》、倭国《やまとのくに》の物実《ものしろ》（倭国の代表、代わりの意）」と言ったことなどからうかがえる。

想像をたくましくすると、天香久山の土は、天皇にかかわる重要施設にのみ使用が許されたのではなかろうか。そうした観点から基壇の版築土を検討すると、これらの例については、天香久山から採土された可能性を考えてもよい。逆に、天香久山の土を版築土に使用した可能性が考えられる吉備池廃寺は、百済大寺だった蓋然性が高いといえよう。百済大寺は、天武《てんむ》天皇によって高市大寺《たけちだいじ》と名を改めて別の地点に移された。その所在地は未確定だが、百済大寺によく似た掘込地業だったにちがいない、と筆者は想像している。こうした推測に立てば、将来、天香久山周辺（おそらく山の西側）で橙褐色主体の巨大な版築

あるいは掘込地業が確認できたならば、そこが幻の高市大寺だった可能性がにわかに浮上する。いつの日か、高市大寺の位置が確定できる時がやってくる、そう筆者はひそかに期待を寄せている。

もうひとつの基壇構築技術——新羅の影響——

さて次は、話を大きく展開させて、新羅の寺院についてふれたい。なぜならば、新羅の土木技術も日本列島にもたらされていたためだ。

二〇〇八年夏、筆者は新羅千年の都、世界文化遺産にも登録されている慶州《キヨンジユ》において、とある遺跡の発掘調査に参加した。遺跡の名は四天王寺址《サーチヨンワンサジ》（以下、址は省略）、四天王寺とは、統一新羅の護国寺院として造営された、新羅を代表する寺院のひとつで、東西に塔がならぶいわゆる双塔式伽藍である（国立慶州文化財研究所二〇一三、図41）。この新羅を代表する双塔式伽藍配置こそが、日本列島にも影響を与え、七世紀後半になると奈良県橿原市本薬師寺《もとやくしじ》、和歌山県和歌山市上野廃寺《うえのはいじ》など、双塔式《そうとうしき》の伽藍が造営されるようになったと考えられる。

慶州四天王寺の調査

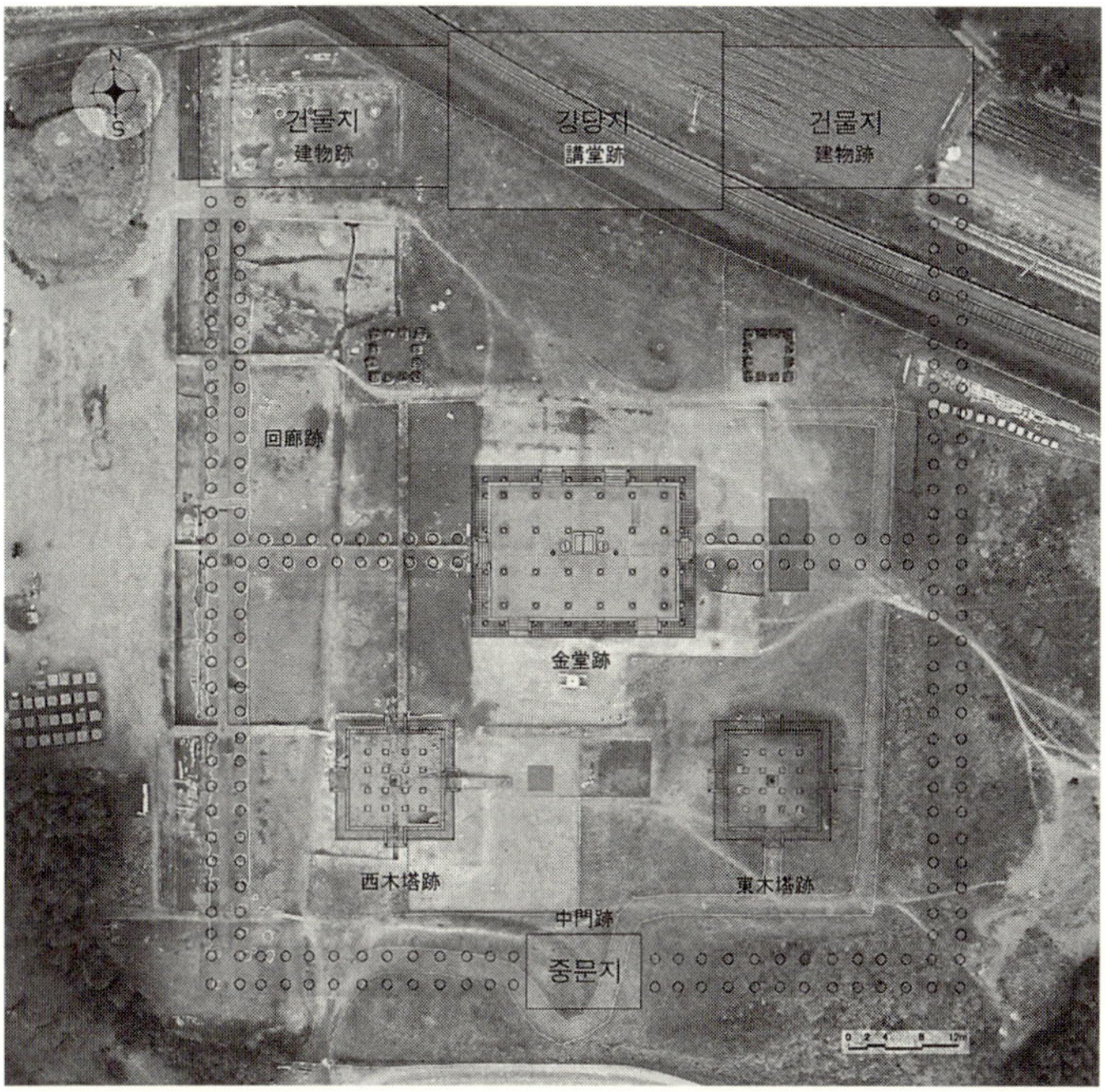

図41　慶州四天王寺の伽藍配置

二〇〇八年夏の四天王寺は、金堂の調査が一段落し、東西の両木塔の基壇を調査していた。筆者は、両方の塔を長時間にわたって観察するという、千載一遇の機会に恵まれた。もっぱら東木塔の調査に従事したが、筆者が任された作業は、主に基壇端に残された遺構の検出作業、これこそ発掘調査の醍醐味だ。発掘調査で遺構検出をおこなう際には、基壇全体を丁寧に清掃し、土の色調のちがいを明瞭にし、そのちがいからさまざまな痕跡を復元していく。つまり、きちんと検出をおこなわないと、遺跡がもつ情報が埋もれたままになってしまう。検出作業とは、発掘調査の枢要なのだ。

東塔でもこの一連の作業をおこなっていたのだが、精査をはじめてほどなく、基壇から人頭大の礫がやたらと顔を出していることに気がついた。はじめ、失礼ながらずいぶんと雑な基壇のつくりかただなと思っていたが、西木塔の基壇を断ち割ったトレンチの土層断面を一見して、その想定が大きな誤りだと悟るのに時間はかからなかった。先の礫は、基壇内の一面に敷かれており、その上下を土が挟んでいる。さらに、その上にもまた礫を敷き詰め、盛土されている、この繰り返しだ（図42）。つまり、四天王寺の塔基壇は、礫と土とを交互に積み重ねていたのだ。それも地盤改良である掘込地業の底から基壇の頂まで、すべてこの技術が貫徹されていた。

版築といえば、土砂で突き固めるもの、こんなに大ぶりの礫を入れるとは、今までに見たことのない技法だ。驚いた筆者は、すぐさま傍らにいた韓国人の調査員に尋ねた。

「この基壇は、どうやって版築しているのですか？」

相手の調査員は、そう思うのも無理からぬことだとうなずきながら、

「いや、新羅ではあまり版築しません。版築といえば百済ですよ」と教えてくれた。

基壇をつくる際に版築をしない地域が朝鮮半島にあるのか、これは筆者にとって思いも

よらぬ返答だった。

それまで朝鮮半島では、どこでも版築による基壇が一般的だと思っていたが、新羅ではそもそも基壇に版築すること自体が稀なのか。自分の無知を恥じつつ、朝鮮半島における基壇構築技術は、版築するパターンと、礫を多用して版築しないパターンとがあるのならば、まずそれだけで二つの系統に分かれることがこれではっきりした。よし、基壇づくりの技術的な系統を調べてみると意外な事実があきらかになるのではないかと考え、帰国してからまずとりかかった検討作業が、飛鳥寺と百済寺院との基壇構築技術を比較することだった。その結果は、すでに述べたとおりである。

新羅の基壇構築技術は、礫を多用し、版築によらない点を特徴とする書いたが、それでは類例はいかほど存在するのだろうか。慶州では、地面をしばらく掘り進めると、やがて分厚い礫層に行き当たる。したがって、基壇を構築する際に必要な礫は身近にたくさんあるので、礫の採取に困ることはない。そして、礫が敷き詰められているということは、礫の重さ自体がその下に積まれた土を転圧しているのではないか。その作業を繰り返すことで、版築を用いずとも硬く締まった基壇となるのだ。そう考えると、新羅には類例がかなり存在するのではないかと予想したが、果たしてその結果はいかがなものだろうか。

新羅の例・皇龍寺九重木塔

新羅王京、すなわち現在の慶州で最初に造営された大規模寺院は、皇《ファン》龍《リョン》寺《サ》である。皇龍寺は、真興王《チヌンワン》一四年（五五三）着工、善徳女王《ソンドクニョワン》一四年（六四五）に九重木塔が完成したと伝わる韓国最大級の寺院であった。元来、宮殿として造営する予定が寺院に変更されたとの伝承をもつ。往時は、高さ八〇メートルを超えると推定される巨塔がそびえていたが、高麗の高宗《コジョン》二五年（一二三八）、蒙古の侵略による兵火によって、伽藍は灰燼に帰した。

九重木塔の正確な建立年代は、あきらかでないものの、唐より帰国した新羅僧の慈蔵《ジャジャン》の建議によって建立したとされ、百済から招請された「大匠」阿非知《アビジ》など百済の技術者が造塔を助けたと、『三国遺事』や『刹柱本記《せっちゅうほんき》』などに記載がある。塔の基壇は、東西二九・五メートル、南北二九・一メートル、掘込地業はさらに大きく東西三二・五メートル、南北三〇・五メートル、基壇高は約二・五メートル、掘込地業の厚さは一・二メートルと大規模である（文化財管理局文化財研究所一九八四）。掘込地業の底部から大型の川原石と土とを交互に二〇層以上積み重ねる。なお、掘込地業の下半には、版築を使用した形跡がなく、土層も一層あたり一〇センチ前後と、百済の寺院にみられる薄く細かい版築よりかなり厚い。ただ、掘込地業の上半以上は、下半部と同じく土と礫とを交互に積み重ねるが、版築を使用した。新羅寺院として珍しく版築を使用した理由は、先述した百済の工匠である阿非知の影響と理解したい。つまり、基壇構

図42　四天王寺西木塔の基壇と掘込地業にみられる礫

築に版築を用いることを旨とする異系統に属した技術者が越境して造営を指揮した場合、他地域の技術を採用した例がこつ然と姿をあらわす好例だ。

新羅の例・四天王寺の東木塔と西木塔

冒頭でふれた四天王寺は、文《ムン》武《ム》王《ワン》一九年（六七九）に完成した統一新羅の護国寺院であり、双塔《そうとう》伽藍《がらん》の最初期かつ代表例として著名である。近年、筆者も参加した国立慶州文化財研究所による発掘調査により、伽藍の全容があきらかになった（国立慶州文化財研究所二〇一三）。それによると、東西両木塔、金堂、壇席と推定される東西両建物跡に回廊《かいろう》、軒廊《のきろう》がめぐり、灯籠《とうろう》なども検出されている。金堂の北側を通る線路の下に講堂が位置するとみられる。三間四方である東・西両木塔の基壇は、掘込地業を有し、掘込地業底部から基壇頂にいたるまで一〇回以上にわたって大型の割石と風化岩盤が混じる砂質土を互層に積み重ねる。なお、基壇に版築技法は用いられず、百済の版築のように異なる土同士を突棒によって突き固めることはせず、礫などの荷重によって基壇土を締め固めたと考えられる。東木塔の基壇は、地覆石《じふくいし》の上に束柱《つかばしら》と隅柱《すみばしら》をたて、その間に唐草文《からくさもん》を配した長方形磚および優品として知られる緑釉四天王磚を設置して基壇外装としていた。

新羅の例・伝仁容寺西塔

慶州市街地の南側、仏教遺跡が濃密に分布する南山の北麓に伝仁容寺《イニヨンサ》はある。これまでに中心伽藍の発掘調査がおこなわれ、回廊で区画された内部に金堂や東西両塔などが配された伽藍配置があきらかとなった（国立慶州文化財研究所・慶州市二〇〇九）。東西両塔のうち西塔では、掘込地業の内部まで調査された。その調査成果によると、西塔では五・四㍍四方、深さ一・五㍍の掘込地業を設け、内部を径三〇～九〇㌢の礫と土を重ねて埋め固めている。土層断面の状況などから、版築はおこなわれなかったようだ。

新羅の例・南里寺東・西三層石塔

新羅では、八世紀に至ってもなお礫と土とを交互に重ねる土木技術を堅守していたようだ。八世紀中頃に創建され、一三世紀頃に衰微したと考えられる南里寺《ナムリサ》は、慶州の南山東麓に所在する。石塔が東西に二基並ぶ双塔式で、近年いずれの石塔も国立慶州文化財研究所と慶州市によって発掘調査が実施された（国立慶州文化財研究所二〇一〇）。東塔の断面からみた所見によると、深さ約二メートルの掘込地業底から基壇頂まで粘土と砂質土とを交互に積み重ね、粘土層中には径二〇～三〇センチ、砂質土中には径五～一〇センチ程度の礫が入れられる。掘込地業では、版築をせずに一層に二〇～四〇センチという版築にない厚みを有し、基壇部でも砂質土は一層あたり二〇～四〇センチ程度の厚みをもつが、粘土は五～一〇センチ程度と粘土層を薄くする。これは土木技術的な工夫なのだろうか。いずれにせよ、本事例も四天王寺や伝仁容寺と同様、礫と土を交互に重ね、かつ版築を使用しないという特徴を有する。予想どおり新羅では、こうした特徴の土木技術によって寺院などを造営することが一般的だったようだ。

新羅への仏教伝来

百済は南朝から仏教を受容したが、それでは新羅はどこから仏教を受容したのだろうか。百済と同じように、新羅寺院をつくる土木技術がそこからやってきた可能性もあるのだから、あきらかになればそれに越したことはない。新羅に仏教が伝わった時期はいつか、当時の通交の様子を交えつつ整理しておこう。

『三国史記』新羅本記によると、新羅は、五二一年に南朝の梁《りょう》へ朝貢したのが最初とされる。その後、五六四年に北斉に朝貢して翌年に冊封《さくほう》を受けただけでなく、五六八年には南朝の陳《ちん》にも朝貢し、南朝北朝両王朝との関係を強固にしようとした。これは百済と同様、南北朝双方へ朝貢することで、新羅の北にあった高句麗に脅威を与える狙いがあったことも容易に想像がつく。ともあれ新羅は、南北朝双方と通交していたことから、仏教についても南北朝いずれの影響も受けた可能性がある。なお、新羅に仏教がもたらされた時期は判然としないが、高句麗や百済よりかなり遅れたとみられ、仏教の公認は六世紀代のこととされる。百済と比べて遅れたのは、中国と直接通交できない当時の新羅の外交的位置や、新羅の社会構造の影響であろう。また、隣国百済の都熊津（現公州）につくられた大通寺の威容が新羅の人々に大きな影響を与え、新羅が仏教を受容する契機となったのかもしれない。ちなみに、高句麗の仏教公認は、『三国史記』によると三七五年、百済へ仏教が伝わる九年前のこと、百済と同様、南朝の東晋の影響が強かったとみられる。

起源は北朝に

さて、この礫と土とを重ねた基壇構築技術は、地中に礫層が眠る慶州、ひいては新羅独自の特徴なのだろうか。華北は、土の文化とも形容されるから、新羅オリジナルの技術だろうと漠然と考えていたある日のこと。当時の職場の図書室で、思いがけない写真が掲載された図書を手にした。それは、北朝の東魏・北斉の都であった鄴城《ぎょうじょう》で、文献に記載されていない六世紀代の寺院の存在が発掘調査によってあきらかになったとの報文だった。報文の中に掲載された写真には、掘込地業内の版築と思しき断面に、幾重にもわたって礫が敷き込まれている様子がはっきりと写っていた（朱二〇〇六、中国社会科学院考古研究所・河北省文物研究所鄴城考古隊二〇一〇）。鄴城遺跡趙彭《ちょうほう》城仏寺《じょうぶつじ》とよばれることとなったこの幻の寺院、数年後、発掘調査担当者である朱岩石氏から現地で直接状況をうかがう機会をえたが、氏によると、掘込地業の下半で礫と土とを交互に重ねていたとのこと、礫の使用が掘込地業内だけとはいえ、これはまさしく新羅と同じ技術だ。礫を使う基壇構築技術は、北朝が起源となることを確信した瞬間だった。

日本列島の寺院にも採用

そろそろ、日本列島に話を戻すことにしよう。新羅に顕著な礫と土とを交互に積み重ねていく基壇構築技術、百済との共助関係の上で造営された一部の寺院では、版築を使う場合もあるが、版築を使わず、礫の重さで転圧する技術だった可能性が高い。さらに、今おこなった説明で、その技術的淵源がどうも中国北朝に求められそうなことまであきらかになってきた。先に論じた、南朝・百済系統の技術とはあきらかに一線を画するこの技術、次なる疑問は、これが日本列島にももたらされたのか否かという点だ。

和田廃寺塔の基壇

二〇一〇年秋、職場の写真データベースで調べ物をしていたところ、一枚の写真が筆者の目にとまった。それは、橿原市にある和田廃寺《わだはいじ》の塔基壇の写真だった（図43）。基壇を断ち割り、土層断面を撮影したものだったが、そこに大ぶりの礫が基壇土の間に何層にもわたって挟み込まれていたのだ（図44）。筆者は、即座に新羅の例と同じ技術の所産ではないかと直感した。和田廃寺は、七世紀後半に造営されたことが確実だが、創建にかかる由来など具体的な事績がよく分からない寺院である。

図43　和田廃寺の塔

調査以前は、敏達《びだつ》天皇一四年（五八五）に蘇我馬子《そがのうまこ》が大野丘《おおのおか》の北に建てた塔の跡とされていたのだが、調査の結果、どうもそうではないことが判明し、どちらかというと飛鳥寺や川原寺など、飛鳥地域の大寺院の陰に隠れた存在だった。

しかし、基壇の断面写真をみた筆者は、和田廃寺の創建年代が七世紀後半という点が、土木技術から和田廃寺を評価する上で非常に重要な要素になるだろうとすぐさま確信した。というのも、和田廃寺の塔基壇の断面は、まさに礫と土とを交互に積み重ねる、新羅の基壇構築技術そのものだからだ。和田廃寺塔は、新羅の寺院造営技術によ

図44　和田廃寺の塔基壇にみられる礫

ってつくられたにちがいない。その造営時期である七世紀後半、この時期の倭、もう少し具体的にいえば、天武《てんむ》・持統《じとう》朝の外交政策と和田廃寺の造営とは、密接にかかわるはずだと考えた。

白村江敗戦後の外交政策

ここで天武天皇の頃の外交について、簡潔に整理しておく。詳細については、森公章氏の著作を参照いただくとして（森一九九八）、ここで森氏の著作に導かれながら、そのあらましだけ紹介しておこう。

白村江《はくそんこう》での敗戦後、倭国では半島情勢への介入を放棄する「消極外交」へと転じ、唐《とう》との通交を避けるようになる。六七〇年の遣唐使《けんとうし》以降、大宝度の遣唐使まで正式な通交がおこなわれず、六六八年の新羅史の来日によって新羅との通交を再開するようになる。新羅は、こののちしばらく毎年のように倭国へ遣使し、緊密な関係が続いた。倭国・新羅ともに唐の政治支配システムや文化の摂取につとめ、国力を増強させたい思惑では一致していた。ところが六七〇年頃の倭国征伐の風聞もあって、倭国は唐に対する警戒心があった。そこで、新羅との関係を密にすることで、新羅から間接的に唐の情報や文化、政治システムなどを受容することになったと考えることができる。

となると、天武朝（六七三―六八六）は、こうした唐との正式な通交がなく、新羅とだけ通交関係があった時期に該当する。新羅への留学僧を介して、朝廷が新羅の仏教界とつながりをもっていたことも知られる（森一九九八、二〇八―二〇九頁）。当然のこと、唐だけでなく新羅の仏教文化が倭にあたえた影響は、強くなるのが当たり前だ。これこそ天武朝、続く持統朝（六九〇―六九七）という時期を語るうえで忘れてはならない側面だ。

本薬師寺《もとやくしじ》は、双塔伽藍《そうとうがらん》の代表例である。先に統一新羅を代表する寺院である四天王寺が、双塔伽藍であると説明した。そう、日本列島における双塔伽藍は、新羅寺院の影響とみてまちがいない。新羅との通交により、新羅からさまざまな情報がもたらされ、そのなかに僧侶を介して持ち込まれた仏教の経論や仏教関連の文物や技術が含まれていた。おそらく寺院造営技術もそのなかに入っていたのだろう。

それまで一部に華北の影響も認められるものの、基本的に百済の影響が色濃かった飛鳥時代の寺院造営は、七世紀後半に大きく転回した。新羅の影響により、新たな技術が日本列島へ導入され、多様化したのだ。当然、百済と新羅の技術が同一であるはずもない。これにより基壇構築技術は、さらに複数の系統に分岐し、各種技術が併存する状況となった。

北朝・新羅系統の技術

ここで紹介した土と礫とを交互に重ねる土木技術は、先述したとおり北朝に端を発し、北朝から新羅へ仏教が伝えられたのちに寺院造営技術も北朝から伝わったと考えられる。そして七世紀後半、この技術は倭国が新羅との通交を緊密化させたことで日本列島にもたらされ、以降、寺院基壇の構築技術のひとつとして長く用いられることとなった。本書では、この技術を「北朝・新羅系統の技術」と呼称し、南朝・百済系統、華北系統に続く、列島へもたらされた三番目の技術系統として位置づけたい（図45）。

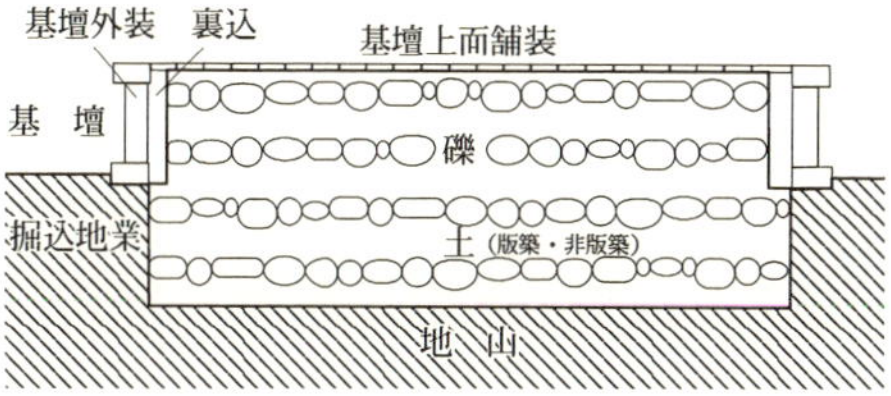

図45　北朝・新羅系統の技術模式図

版築技術の省略化

さて、南朝・百済系統の版築技術は、粘性の高い土と低い土など、性状の異なる土を使い分けた版築と先に述べた。水がしみだすような土地に寺院をつくる際は、基壇の上まで水がしみ込むと、湿気により建物本体が腐食するなど、建造物に悪影響を与えるおそれが生じる。そこで粘性が高く、水分を透しにくい粘土やシルトなどのきめ細かい土を掘込地業や基壇の下部に使用することで、基壇の上面まで湿気が上がってくることを防ぐ、おそらくこうした対策のために土を使い分けて版築したと考えられる。

ところが、こうして何種類もの土を使い分けて版築するのは、とても手間のかかる仕事である。さまざまな場所から土を求めねばならないからだ。当然、要求に応えうる性質の土砂が近隣で採集できない地域もあろう。もし仮に、南朝・百済の版築技術によって各地で寺院を造営するとなった場合、基壇をつくる段階から材料の入手が困難となってしまう事態も考えられうる。飛鳥時代後半、寺院の造営が急速に列島各地に広まっていくが、その際造営された寺院では、いかなる版築技術を使用したのだろうか。

南朝・百済系統の版築技術は、素材となる何種類もの土砂を入手する段階から困難がともなう場合が予想される。そこで、土砂の種類を減らして簡略化した版築技術が編み出され、その技術によって造営された寺院が列島各地に存在する。七世紀後半〜末頃に造営された代表的な例だけでも、奈良県橿原市大官大寺金堂・塔、茨城県水戸市台渡里《だいわたり》廃寺、三重県嬉野町天花寺《てんげいじ》廃寺、京都市北区北野《きたの》廃寺、兵庫県尼崎市猪名寺《いなでら》廃寺、京都府木津川市

高麗寺《こまでら》、大阪府藤井寺市野中寺、兵庫県加古川市西条《さいじょう》廃寺、鳥取県倉吉市大原《おおはら》廃寺、岡山県瀬戸内市服部《はっとり》廃寺など各地に分布する（青木二〇一六E）。

北朝・新羅系統の技術、すなわち土と礫とを交互に重ねる方法は、礫が入手できる、つまり近隣に川原や礫層が存在すれば、比較的簡単に採用できる技術である。こちらの類例も、福岡県飯塚市大分《だいぶ》廃寺塔や山梨県笛吹市寺本《てらもと》廃寺塔・中門など、代表的な例は列島の東西に分布し、かついずれも七世紀後半以降に造営された寺院に限られる。

ここで紹介した、比較的簡便に基壇を構築できる二種類の土木技術、すなわち礫と土とを交互に重ねる技術、そして二種類程度の土砂で版築する技術の双方は、寺院の爆発的増加を後押しする技術として欠かせないものとなった。技術を簡略化すること、これこそ文化が広域へと拡散する上で不可欠な要素である、このように筆者は考えている。

天武朝の仏教政策と寺院

七世紀代は部民集団が廃止され、氏族制社会から官僚制へと変貌をとげる、六世紀から続いてきた支配のシステムが変容した時期であった。いうなれば律令国家への助走段階だが、その方向性は天武朝で決定的となった。山中敏史は、天武朝の後半以降、すなわち飛鳥浄御原令《あすかきよみはらりょう》施行にともない、後の郡《ぐん》制《せい》と様態を同じくする評制《ひょうせい》が全面的に成立し、整備された評衙《ひょうが》を郡衙《ぐんが》（郡の役所）の成立過程における最大の画期として評価した（山中一九九四）。現在ならば、市町村制が施行されたことに例えられようが、それまでの役所は、特定有力者の居宅に置く場合が多かったと考えられる。天武朝以降、役所が有力者の居宅から完全に分離することとなり、各地に官衙を置いた。

ところで筆者は、有力者居宅とその周囲に点在する各種施設が、一ヵ所に集約される時期を七世紀前半とし、集約された施設群の総体を官衙《かんが》ととらえた（青木二〇一四A）。こうした諸施設を集約化する潮流にあって、人民支配のイデオロギーをいわば体現する装置として寺院を設置する必要が生じた際、評衙（のちの郡家）に隣接させて造営した。これが郡衙周辺寺院（郡衙付属寺院）であり、各種機能を集約した公的施設の一群にこうした寺院がふくまれる場合、郡衙周辺寺院が「公寺」としての役割を一定程度担うことになる。無論、これら郡衙周辺寺院の「氏寺《うじでら》（私寺）」としての意味合いを無視するつもりはない。おそらく郡衙周辺寺院は、本来的に公寺・氏寺という二元的な性格をそなえていたはずだ。

また、天武朝における仏教的な信仰の基盤には、『薬師瑠璃光如来本願功徳経《やくしるりこうにょらいほんがんくどくきょう》』（以下『薬師経』）があったと笹生衛氏は説く（笹生二〇一四）。笹生氏によれば、三蔵法師《さんぞうほうし》の名で知られる玄奘《げんじょう》が唐の永徽元年（六五〇）に漢訳した、いわば最新版の『薬師経』が、入唐していた僧道昭《どうしょう》によって斉明天皇六年（六六〇）に持ち帰られた可能性が高いという。そして天武天皇は、この『薬師経』によって災害と社会不安を取り除こうとしたとされる。

以上の点から、天武天皇が政策面・信仰面の両面から仏教を積極的に利用しようと企図していたことがうかがえる。と同時に、仏教の積極的活用は、とどのつまり寺院造営の増加に直結する。ということは、多数の寺院を造営することに王権の意向がつよくにじむこと、さらに寺院を造営する経験をもたない地域に対しては、造営技術を王権が各地に供与した、その際に比較的簡便に造営を可能とする技術を供与した可能性が高い。土木技術を分類し、出現年代を考察することで、王権がとった政策が透けてみえることさえあるのだ。

築堤と道路敷設——敷粗朶・敷葉工法の導入——

敷粗朶・敷葉工法とは

先ほど、峯ケ塚《みねがつか》古墳に話がおよんだ際、敷粗朶《しきそだ》・敷葉《しきは》工法という用語が出てきた（一〇九—一一〇頁）。敷粗朶・敷葉工法、これこそ本項のテーマである。先に述べたように、敷粗朶・敷葉工法は、元をたどれば堤防を築く技術（築堤技術）であった。その築堤技術が、おそらく渡来人とともに日本列島へ伝えられ、古墳の墳丘構築技術に転用されたと考えられる。ここではまず、おおもとの築堤技術としての敷粗朶・敷葉工法とはなにか、この説明からはじめることにしたい。

百済では、版築以外にも特徴的な土木技術として、切り取った木の枝を敷きつめる敷粗朶工法、あるいは枝葉や草本を敷きつめる敷葉工法が認められる。使われる素材のちがい以外は技術的に共通するため、これらふたつの技術をあわせて、敷粗朶・敷葉工法とよぶことが多い。技術的に共通すると述べたが、技術に即していえば敷粗朶・敷葉工法は、土との摩擦力を高めるため草本・樹皮・粗朶などの天然材料を挟み込む。これは、現代風のよび方でいえば、盛土補強工法であるジオテキスタイルと同じであり、その堅固さから堤や城壁など、耐久性・堅牢性が要求される構造物に採用されたと考えられる（小山田二〇〇九）。日本列島における敷粗朶・敷葉工法および版築を併用した代表例として、『日本書紀』天智天皇三年是歳条（六六四）に「筑紫に、大堤を築きて水を貯えしむ」との築造記事がみえる福岡県水城《みずき》をあげておく。水城については後述する。

大規模土木構造物の色調

古墳でも同様だが、土木構造物の色彩的な側面は、あまり注目されていないけれども、重要な要素と考える。東日本的工法の項でふれた宝莱山《ほうらいさん》古墳は、葺石《ふきいし》とよばれる墳丘法面の土砂流出を防止するための墳丘外表施設をもたない。つまり、ローム土主体の赤茶けた墳丘としてつくられたことになる。想像をたくましくすると、赤茶けた墳丘に似た色調の埴輪《はにわ》を並べたところで、際立った対比をなさない（青木一九九九）。一方、白色の葺石に覆われた墳丘の場合、褐色の埴輪列は鮮やかに浮かび上がる。五色塚《ごしきづか》古墳などがよい例である。つまり、墳丘の色調は、葺石の有無あるいは埴輪を樹立するかしないかによって異なることになり、古墳を画一視することは、地域性を見失ってしまうおそれがある。七世紀になると、古墳の墳丘に木を植えた可能性が指摘されている(三宅二〇一三)。墳丘は緑の丘となり、やがてうっそうと木が生い茂る森となっていく。こうした墳丘に対する人々の観念が変化していったことは、精神文化の変化へと結びつく重要な視座となる。

水城は、博多湾から侵入してきた敵軍が、西海道の支配拠点である大宰府《だざいふ》へと進めぬよう、七世紀中頃に築かれた防塁《ぼうるい》である。JR鹿児島本線によって開削された地点の断面写真をみると、版築土の多くは、花崗岩《かこうがん》バイラン土を主体とした水城の版築が、鮮やかな赤と白の土からなる。さらに最下層では、粘質土、その上に黒ボク土(火山灰由来の黒色土)や八女粘土《やめねんど》を一㍍《メートル》ほど積み、さらに厚さ一・四㍍《メートル》ほど先の砂質土に粘質土を薄く挟み込んで積んだのち、先の色鮮やかな土を版築していた(九州歴史資料館文化財調査室調査研究班二〇一六)。以上の特徴から、水城では異なる性状の土を使い分けて版築しており、先述した南朝・百済の技術系統につらなると理解できる。

水城は、大宰府防衛という最大の目的のほか、外敵に対して鮮烈な印象を与えて軍事力を誇示すること、と同時に大宰府を訪れる人々に対してもその威容をみせつける効果を期待して色鮮やかな防塁にしたのであろう。大規模な土木構造物には、規模のみならず色調なども考慮した点を強調しておきたい。

水城に話がおよんだので、水城最下層の構築技術についても若干ふれておこう。水城は巨大な土塁であるため、土塁の荷重で不同沈下しないよう、最下層の粘質土の層理面（層境の面）に工夫が凝らされている。それは、木の枝や葉などを敷き詰めるというもので、引っ張り強度などを増すための盛土補強技術の一種と考えられる。後期古墳をとりあげた章でも少しだけふれたが（一〇九頁）、これを敷粗朶・敷葉工法とよんでいる。

敷粗朶・敷葉工法の起源

それでは敷粗朶・敷葉工法は、いつ・どこで創案されたのだろうか。百済の都を漢城（現ソウル）に置いた時期（漢城百済期）には、ソウル風納《プンナプ》土城《トソン》の城壁（三世紀）にはじまり、全《チョル》羅《ラ》北《ブク》道《ト》金堤《キムジュ》市碧骨堤《ピョッコルチェ》（四世紀）に代表される堤防にも採用されていることから、三世紀代の百済に存在していたことが確実である。なお碧骨堤は、はじめ防潮堤として築堤されたものが、のちに貯水用の堤防へと改められたとの推定もある（森一九八三）。ただいずれにせよ、敷粗朶・敷葉工法の起源となると、百済からさらにさかのぼる例が中国に存在する。工楽善通によると、安徽《あんき》省寿《じゅ》県安豊塘《あんほうとう》遺跡の「散草法」の例から、敷粗朶・敷葉工法は、後漢代までさかのぼるという（工楽一九九五）。となると敷粗朶・敷葉工法は、中国から朝鮮半島、そして日本列島へと伝わったと理解できると同時に、大局的には版築がたどったルートと同じことに気づく。

日本列島における敷粗朶・敷葉工法

次に、日本列島における敷粗朶・敷葉工法の例は、いつ頃から認められるのだろうか。今のところ、古墳時代前期の大阪府久宝寺《きゅうほうじ》遺跡がもっとも古いとされる。その後も大阪府亀井《かめい》遺跡（五世紀末〜六世紀初頭）などにも例があるが、いずれも他地域との交流がさかんな地域に集中し、そこから外れると分布しないという特徴がある。遺跡が所在する中河内地域は、渡来人との強いかかわりが想定され、渡来人が保持する土木技術を治水に利用した可能性が指摘されている（田中一九八九）。

日本列島への渡来人は、四世紀末〜五世紀初頭頃に第一波、その後も百済や加耶の政情や滅亡などの事件、あるいは寺院造営にともなう招請などにともなって、第二波・第三波と、断続的な渡来が推定できる。敷粗朶・敷葉工法などは、この断続的な渡来がくりかえされる過程で、朝鮮半島から日本列島へもたらされたと考えるのが妥当だろう。目まぐるしく版図が書き換えられる中国や朝鮮半島情勢もふまえ、各種技術導入の時期、そしてその歴史的な契機を解明することが、渡来人の研究あるいは対外交流の歴史を考えるうえで重要な課題となる。

さて、その後の敷粗朶・敷葉工法の例についても少しふれておこう。滋賀県比留田法田遺跡では、軟弱地盤の低湿地の堤防（七世紀）において、底面に植物を敷き詰めた痕跡を合計二面分検出した。比留田法田遺跡の周辺では、官衙的な性格を有する遺跡や渡来人が数多く居住していたと考えられており、官衙（役所）など公的施設の設置や渡来人の影響が、築堤に高度な土木技術を採用した背景にあったのだろう。

狭山池の堤体

古墳の構築技術で採用されていた土嚢・土塊積み技術と、敷粗朶・敷葉工法とを組み合わせた築堤技術が存在する。日本列島では、大阪府狭山《さやま》池《いけ》が今のところ最古の例である。樋管《ひかん》の年輪年代測定結果から、推古天皇二四年（六一六）頃に築造された日本列島最古のダム式溜池である狭山池北堤の築堤技術は、墳丘構築技術と築堤技術との融合と理解すべきか、こうした組み合せの築堤技術として別途百済からもたらされたのか、いずれか現時点では決しがたい。ただ、どちらにしても狭山池は、渡来した高度な土木技術があったからこそ築造できたのであり、現在まで現役の貯水池として機能してきたのだ。堅牢な堤防の裏に、狭山池を築造した人々の情熱をみる思いがする。なお、狭山池北堤の断面は、池のほとりに立つ大阪府立狭山池博物館に展示されており、巨大かつ堅固な堤防の実際をこの目で確かめることができる。

古代における堤体の構造的特徴

発掘調査された例を検討してみると、古代の堤体は、シルトなどの粘質土と敷粗朶とを組み合わせて構築する例が多い。今後は敷粗朶だけ注意するのではなく、上下の土層およびその性状にも注意して観察し、

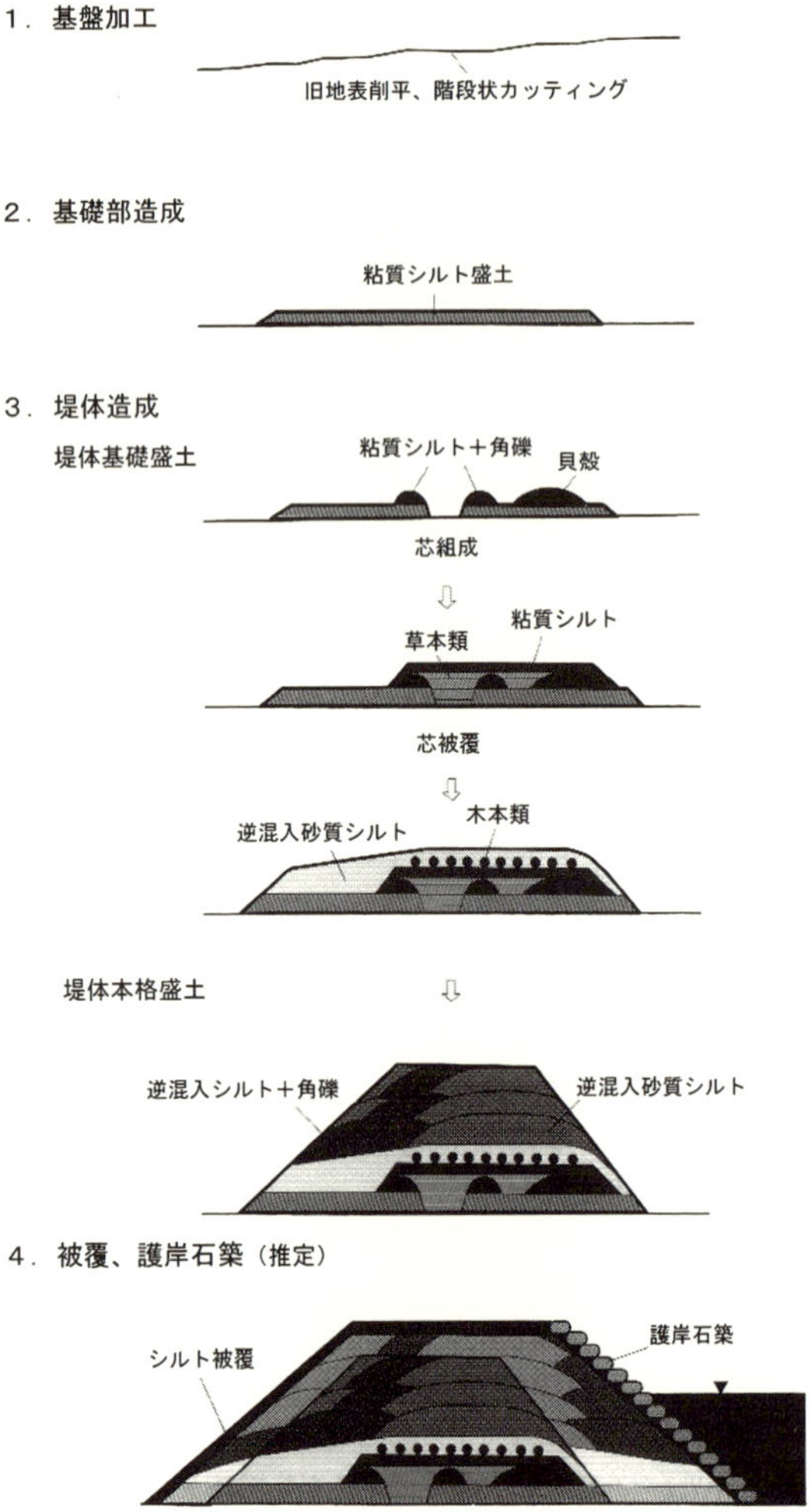

図46　韓国蔚山薬泗洞堤防の築造順序模式図（7世紀）

一体的にとらえる視点が希求される。堤体の含水率が上昇すれば、それだけ構造的に脆弱となってしまう。すさまじい水圧に耐えると同時に、堤体を弱体化させない工夫を随所に凝らしていたはずだ。こうした観点から堤体の断面を観察すると、その外側と貯水池側とは盛土の構造が対称とならないことに気づく。具体的には、コアとなる盛土ならびにその周囲を補強する盛土が複雑に重なりあうのだ、これは堤体の構造的安定をはかる工夫だろう。ここで堤体構造が詳細に判明した韓国の発掘調査例をとりあげ、当時の土木技術がいかほどだったか考えてみたい。

蔚山《ウルサン》広域市薬泗洞《ヤクサドン》堤防（三国時代末〜統一新羅初頭頃）では、堤体の基礎部分だけでもシルト・貝殻・角礫・草本類・木本類などを各所に使い分け、堅固にするための工夫が随所に凝らされている（図46）。また、検出例が現時点で一例にとどまっているが、慶尚北道《キョンサンプクト》尚州《サンジュ》市恭倹池《コンゴンチ》では、敷粗朶の下に丸太を敷き詰める工法が存在する。これは、後でふれる道路の構築技術にも類似する例が認められるため、道路をつくる技術との関連も含めて考えたほうがよいのかもしれない。ともかく、こうした技術的工夫を凝らした結果、現代にまで千年以上も前の堤が伝わってきたという事実だけで、当時の朝鮮半島における土木技術が非常に高いレベルにあったことがうかがえる。

築堤技術の管理

さて、これほどまでに築堤に技術の粋を凝らした理由は、ひとえに社会が農業生産力の向上を目指していた点が大きいのだろう。生産力の向上は、国力の向上へ直結する。それだけに最先端の土木技術は、国力増強のための礎となる。言葉を換えれば、支配者はいかにして高度な土木技術を掌握するか、これが大きな政治的課題であったはずだ。そうなると、最前線の技術を誰彼となくオープンに使うことができたとは考えがたく、支配者がこうした最先端の土木技術を管理していた可能性を念頭におくべきだろう。

また、こうした技術の管理は、築堤技術のみならず寺院の基壇構築技術などにも当てはまる可能性が高い。少なくとも南朝・百済系統の版築技術は、当時の王権所在地である飛鳥地域の寺院や古墳、あるいは軍事施設などに重点的に採用されており、王権が管理したと考えるにふさわしい状況であることがその根拠である。

道路の敷設と敷粗朶・敷葉工法

敷粗朶・敷葉工法は、堅牢な構造体をつくるのに適した土木技術であるため、築堤だけでなく低湿地に道路を通す際にも有効な技術だった。寺院の基壇構築技術、すなわち版築が古墳の墳丘に転用されたことと同様に、築堤技術が道路にも応用されたのである。もちろん、道路における敷粗朶・敷葉工法は、道路の基礎部分に限定して使用されたため、道路よりもはるかに高い堤防などの構造体にみられる敷粗朶や敷葉を重層的に用いる場合とはあり方が少し異なる。とはいえ、土との摩擦力を高め、堅牢な構造物をめざす点では築堤とまったく共通する。

現時点で敷粗朶・敷葉工法の列島最古の例とされる奈良県阿倍山田道《あべやまだみち》の道路SF二六〇七（七世紀）では、水はけの悪い部分へ限定的にツブラジイ・サカキ・シャシャンボなど

図47　平城京一条南大路SF3700の敷粗朶・敷葉工法

の枝を葉がついた状態で一層分敷き詰める、まさに字のとおり敷葉工法である（小田ほか二〇〇八）。その上に砂質土と粘質土とを交互に盛土し、さらに上に小礫を貼りつけた部分も認められた。阿倍山田道は、宮都たる飛鳥に入るための道路であり、かつ飛鳥の都を横断する主要官道のひとつでもあることから、もっとも重要な交通路として整備されたことは疑いない。そして官道の敷設に際し、低湿地に道路をとおすという難工事に対処するため、築堤に採用されはじめた当時の先進技術、すなわち敷粗朶・敷葉工法を使用した、以上のように理解できる。

これは奈良時代の例だが、平城宮

佐伯門《さえきもん》から西へのびる条坊道路である平城京一条南大路《いちじょうみなみおおじ》で検出した道路遺構は、路床およびその下の流路（秋篠《あきしの》川の旧流路と推定）を埋め立てる際に敷粗朶・敷葉工法を使用した（鈴木・神野・小田二〇一六、図47）。ここでは、都城の造営という国家的なプロジェクトに、阿部山田道と同じ敷粗朶・敷葉工法を採用した点が重要である。というのも、先述した百済の系統につらなる特徴的な版築などもふくめて、王権が渡来した先端土木技術を掌握した可能性が高いためだ。とくに重要な土木技術は、王権が管理し、国家規模の土木事業に際して技術が供与されたのだろう。こうした最先端の土木技術を保有していた多くは、朝鮮半島などから渡来した人々であったはずだ。言葉を換えて表現するならば、王権が渡来人をいかに管掌したか、という支配する側の制度面がクローズアップされる。対象とする土木技術の由来、そしていかなる構造物に採用されたのか検証することによって、当時の支配やその制度を復元できるきっかけとなるケースもあるのだ。

古代官道と敷粗朶・敷葉工法

東山道武蔵路《とうざんどうむさしみち》（東山道と東海道との連絡道）と推定されている埼玉県西《にし》吉見条里《よしみじょうり》遺跡の古代道路跡（七世紀末頃）は、微高地を通過するという地形的制約がともなう。そのため、先進の土木技術が作道に用いられたが、浅い掘り込みに砂礫や廃材、雑木などを入れて地盤を改良した痕跡、さらにその上の道路部分に敷粗朶・敷葉工法を用いて路面を砂利で舗装した状態を検出した。東山道武蔵路では、ほかの郡であっても、類似した工法で道路を敷設する。つまり、古代官道を作道する場合、現在の都道府県単位に相当する国を単位として事業が起こされ、地形的な難工事が予想される場所では、先進の技術が郡をまたいで投入された、と解釈できる。

さて武蔵国（現在の埼玉県・東京都・神奈川県の一部）では、霊亀二年（七一六）に高麗《こま》郡が建郡された。その際、東国七ヵ国から高麗人つまり高句麗人一七九九人が移住した記録が『続日本紀』にある。先述したように、先進技術の保有者である渡来人が武蔵国に移されたとみると、こうした国単位での大土木事業に渡来人が携わった可能性が考えられる。官道を敷設するという一大プロジェクトが、まぎれもなく国家的な事業であることに疑問を差し挟む余地はない。その事業を遂行するにあたり、渡来人が関与していた可能性が高く、かつこうした事業の遂行などを勘案したうえで、渡来人を計画的に移住させたと推定してよいのならば、渡来人はその技術力を評価する政権によって管掌されていたに違いない。道路をつくる技術を丹念に収集することは、渡来人のあり方を考えるうえで示唆的な情報を提供してくれる（青木二〇一六B）。

このほか、鳥取県青谷上寺地《あおやかみじち》遺跡で検出した道路遺構（古代山陰道の可能性）も敷粗朶・敷葉工法を採用し（森本二〇一四）、敷粗朶・敷葉工法は古代の主要道路造営時に広域で導入されていた（近江二〇一三）。こうした類例分布のありようからみて、これまで想定されてきたとおり、古代官道の造営は、国家が主導した可能性が高いといえよう。かつ、湧水や軟弱地盤に道路を通す難工事が予想される地点では、敷粗朶・敷葉工法という渡来系、かつ王権所在地と同等の先進技術を投下した。この点からも、主要な官道の敷設が国家的な施策だったことを物語っている。

道路の基底部に敷かれた丸太

道路遺構にみられる特徴的な土木技術は、敷粗朶・敷葉工法だけでない。韓国の例だが、扶余双北里《プヨサンブクニ》一五四—八番地遺跡で検出した六世紀後半頃の作道とみられる道路遺構では、下部に進行方向に直交して丸太を敷く、敷丸太工法とでもよぶべき技術を採用するが、これに類似した道路遺構が日本列島にも認められる。兵庫県長尾沖田《ながおおきた》遺跡にて検出した美作路《みまさかじ》もしくは因幡路《いなばじ》と考えられる道路遺構では、下部構造に丸太を使う例が報告されている。ということは、百済の作道技術が日本列島に伝わった可能性を示唆し、国家レベルの土木事業には、渡来の技術を積極的に投下した政権のスタンスがみてとれる。

さらに右にしめした例は、今述べた百済の各種土木技術が段階的に日本へ将来された可能性が高いことを示すだけでなく、官道敷設に際して先進的な土木技術を投入したことをも暗示する。敷粗朶・敷葉工法とも異なる盛土補強工法が存在する理由は、各地に集住する渡来人が保持する土木技術が地域や集団によって異なっていた、つまり渡来人の出生地などに起因することがまず考えられる。それだけでなく、各技術が将来された時期のちがいを示す可能性も捨象できないが、いずれにせよ築堤や作道など、古代における土木事業に渡来人の果たした役割は大きかったにちがいない。今風に表現すれば、「公共事業」で工事を指図する立場に渡来人が関与していた、そして渡来人の関与は、つとめて政策的な色合いが濃かった、このように理解してさしつかえなかろう。

建物造営体制を復元する——掘立柱建物の柱掘方——

掘立柱建物と柱掘方

筆者が以前勤務していた奈良文化財研究所（奈文研）では、日々発掘調査がおこなわれている。奈文研の性格上、発掘調査は藤原宮や平城宮といった古代の宮殿が主な対象となり、筆者も宮殿遺跡の発掘調査に何度も従事することができた。中国の宮殿にならいつつ、日本独自の殿舎も配置した宮殿には、国家的な儀式で天皇が出御した大極殿《だいごくでん》、貴族の伺候《しこう》空間である朝堂《ちょうどう》、天皇の居所である内裏《だいり》、これらの施設を取り巻くように官衙《かんが》群、いまでいう官庁街が立ち並んでいた。この官衙の建物の多くは、掘立柱建物《ほったてばしらたてもの》である。掘立柱建物とは、柱の根元付近を地中に埋める構造の建物で、柱を埋める前に柱掘方（柱を地中に埋めるための穴）を掘削し、そこへ柱を設置してから柱掘方を埋め戻す。柱掘方と柱部分、柱を抜き取った穴を総称して柱穴《ちゅうけつ》とよぶ

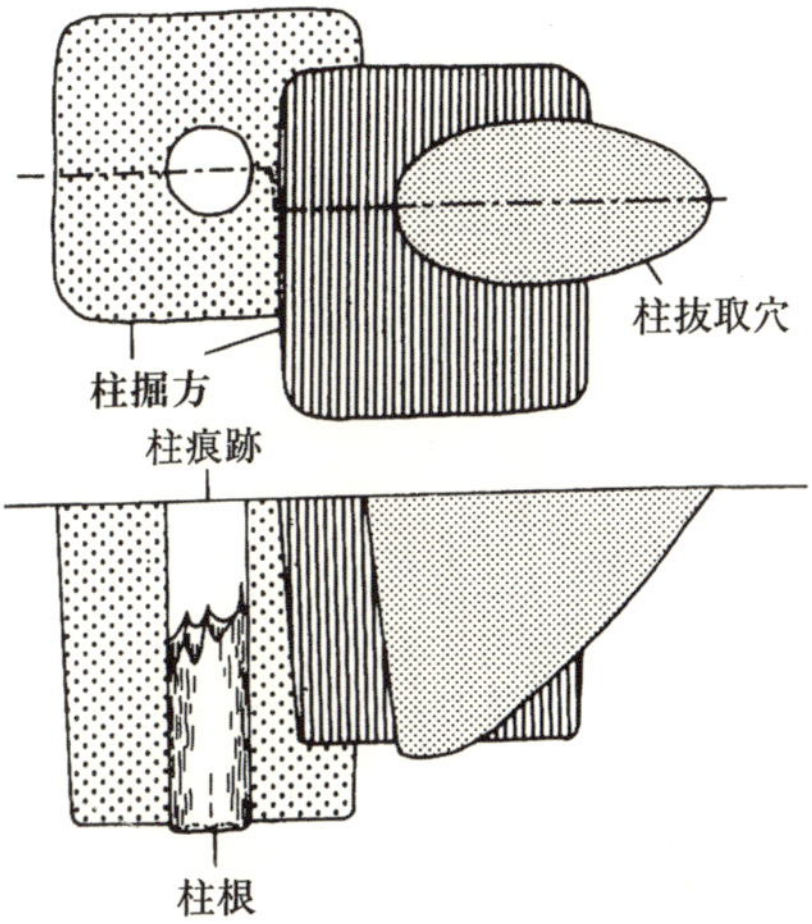

図48　柱穴の模式図

（図48）。

奈文研で甘樫丘東麓《あまかしのおかとうろく》遺跡や石神《いしがみ》遺跡、藤原宮など、多数の掘立柱建物や掘立柱塀を調査する機会が増えた筆者は、ほどなく柱穴の形状が実に多様なことに気づいた。とくに感じたのは、飛鳥地域における掘立柱建物の柱掘方の形状が実に多彩な点だ。発掘調査で遺構検出作業をおこなう際、となりあう柱掘方同士が全くといってよいほど形状がちがっていたため、これは本当に同じ建物かと勘繰ってしまうことも一回や二回ではなかった。建物一棟の柱掘方ですら、その形状が共通しない。一斉に掘削したはずの隣り合う柱穴同士、なぜこれほど柱掘方の形状がちがうのだろうか。発掘調査を重ねるうち、これは柱掘方を掘り上げた役夫《えきふ》一人ずつの個性、すなわち「くせ」が反映したことが原因ではないかと考えるようになった。それは、次の記録が目に留まったためである。

古記録にみる柱掘方の掘削作業

平安時代の中頃に編纂された律令の施行細則である『延喜式』、そのなかにある「木工寮式《もくりようしき》」の掘埴の条には、瓦用粘土の採掘において、柔らかい土であれば一人一日五立方尺（一・五立方メートル、当時の二〇〇〇斤）、硬い土の場合であると四立法尺（一・二立方メートル、当時の一〇〇〇斤）を掘るという規定がある。これは瓦用の粘土採掘の量なので、それをそのまま柱掘方の掘削に当てはめられるのか検討の余地を残すが、双方は土を掘削するという点で共通するため、土量において両者に大きな差はなかろう。また、天平宝字六年（七六二）に造営された滋賀県石山寺《いしやまでら》上僧房は、桁行《けたゆき》三間、梁行《はりゆき》二間と考えられ、柱掘方の掘削に一〇人を要したとある。すなわち上僧房には、長辺の一辺に四本が二列分で八本、長辺どうしの間にそれぞれ一本ずつ計二本、あわせて一〇本の柱が立っており、柱穴もこれと同じく一〇基となるため、一〇人の役夫が一日で柱掘方を掘りあげたということになる（工藤一九七六）。つまり柱穴を掘る役夫は、一人あたり一日一基のノルマが課されていたらしい。加えて、複数名の役夫が柱掘方の掘削に従事していたことも確実だ。

それでは、実際に柱掘方の形状が何種類ほど認められるのか、図面上で似た形状を呈する柱掘方同士を同じ色で塗り、一棟の建物で何色分に色分けできるのか分類し、「くせ」が何種類認められるのか、つまり役夫は何人で作業をおこなったのか推定することにした。

その検討結果をこれから紹介したい。

　まず、役夫の人数編成を復元する前に、円形と方形という柱掘方の形状のちがいなど、柱掘方をなぜ検討するのか、その理由を筆者なりに整理しておく。

四角形の柱掘方、円形の柱掘方

　役夫を動員する公的な造営事業では、一日のノルマを達成できたのか視認する場合、大きさを簡単に計測できる四角形のほうが都合がよい。建築史の上野邦一氏は、方形の柱掘方のほうが掘削した労働量がはかりやすく、管理上の要因で方形を採用したのではないかと推定する（上野一九九六、七八頁）。さらに、柱掘方を四角形に掘削すると、円形の柱穴に比べて柱の位置を調整するための範囲が広くなる（横田二〇〇七）。つまり、柱筋を一直線に揃える建物をつくるには、柱位置の調整が欠かせない。そのため、柱掘方を四角形にした可能性も考えられるだろう。双方の要件をみたすという点で、方形の柱掘方が、公的な施設の造営に際して頻繁に使用されたと考えたい。

　一方、集落遺跡で検出される掘立柱建物の場合、円形の柱掘方の例が大半を占める。さらに円形の柱掘方は、方形柱掘方をもつ建物のように一直線に柱が並ぶ建物になるとは限らない。ある柱、そしてそれと隣りあう柱との間は、点と点とをつなぐ要領で必ず直線となる。しかしながら、側柱列がすべて一直線につながるかといえば、そうでない例も多い。

実際に集落などの遺跡で検出された掘立柱建物では、柱筋が揃わない例をよく目にする。報告書では、無理やり直線的に柱の並びを復元することが多いが、それは実態を見誤るおそれがある。なぜなら、現在でも古民家などをみると、そもそも柱が上方へ一直線に伸びず、曲がっている例も存在するためだ。柱同士は、柱の上部で長方形にきちんと並べば、梁《はり》（柱の上に棟木《むねぎ》と直交してわたして建物上部の荷重をうける部材）が乗せられるのだから、なにも柱の根元がきれいに揃っていなくとも建物は建つ。つまり、おなじ掘立柱建物でも柱の形状や並べ方など、遺跡の性格やあるいは地域によって設計思想が異なっていた可能性も念頭におく必要がある。なぜなら、官衙をはじめとした公的な施設と一般的な集落では、円か方かという柱掘方の形態差で判別できる場合もあるためだ。

と同時に、柱が直線・非直線どちらかによって、柱にする用材の調達や加工方法などにもちがいがあったはずである。さらに、同じ建物の柱掘方の底がどれも揃う場合、柱の長さも均一であった可能性が高い。これは、柱の長さを一定のサイズに切りそろえるという製材法を採用したことを示唆し、礎石建物の柱に類似した製材法が掘立柱建物にも援用されていたのかもしれない。この点については、後で再論する。

それでは、本題の掘立柱建物の柱掘方を掘削した役夫らの人数について考えてみよう。実のところ、掘立柱建物全体が発掘調査であきらかになり、なおかつ柱掘方の残りが良好な例はさほど多くない。まずは以上の例のうち、建物の性格がある程度推定できる例から検討におよぶのが穏当だろう。

藤原宮内官衙の建物と柱穴

これら条件を兼ね備えた代表例は、やはり都城となる。日本列島初の本格的な都城であった藤原宮、ここで掘立柱建物全体が詳細に把握できる場所は、内裏東方地区の官衙および西方官衙の二つの官衙（役所）地区である。西方官衙では、馬寮《めりょう》と推定される地点に所在する長大な建物ＳＢ一一〇〇Ａ（ＳＢとは建物遺構の記号）ならびにＳＢ一〇二〇、東方官衙では、内裏東方地区官衙ブロックの正殿であるＳＢ七六〇〇、残りも比較的よく、全貌がうかがえるこれら三棟の建物について、調査時に作成した原図や写真も参照しつつ、柱掘方の形状分類をおこなってみた。

その結果、これら掘立柱建物の柱掘方は、何種類もの形態的特徴に分類できる。具体的にみてみよう。まずＳＢ一一〇〇Ａでは、北から順に①台形、②長方形、③他より大きな長方形、④隅丸正方形、⑤東辺が斜辺となる台形、⑥南辺が斜辺となる台形、⑦正方形、⑧突出部をもつ不整形、⑨隅丸長方形、⑩隅丸長方形、と柱穴四基単位で一〇のグループに分かれる（図49左上）。ＳＢ一一〇〇Ａには、残っていない、あるいは形状が不明であ

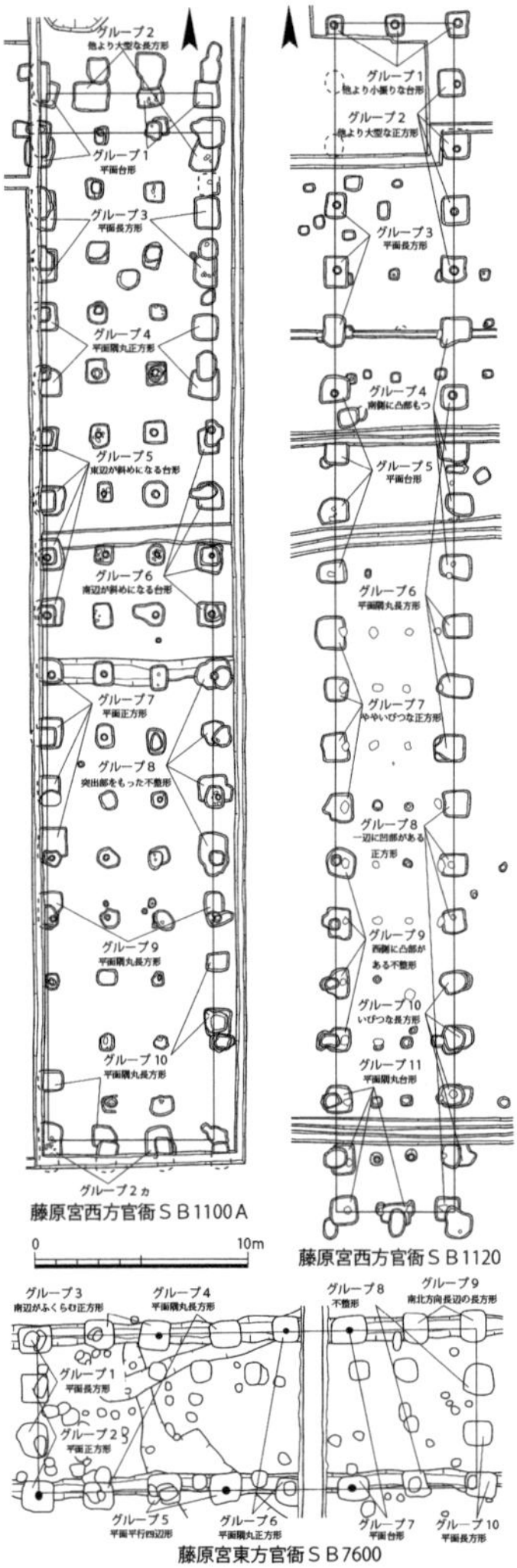

図49　藤原宮における官衙建物の柱掘方と形状分類

る柱掘方が四基存在するが、四基ずつという傾向からいって、もう一グループ分が存在し、合計で一一種類に分類できると考えるのがよい。そうすると、役夫一人の「くせ」が、一グループに帰納するとみた場合、ＳＢ一一〇〇Ａは一一名の役夫で編成された集団が、柱掘方を四日間で掘りあげたと理解できる。

さらに、ＳＢ一一二〇で同じ分類作業をおこなってみると、抽出できるグループ数は、ＳＢ一一〇〇Ａと同じく一一となり（図49右上）、もう一棟のＳＢ七六〇〇では一〇のグループに分類できる（図49下）。三棟だけの検討結果ではあるが、藤原宮の官衙建物造営

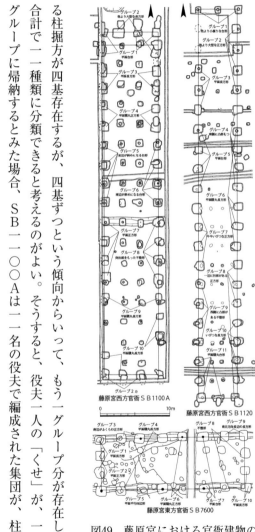

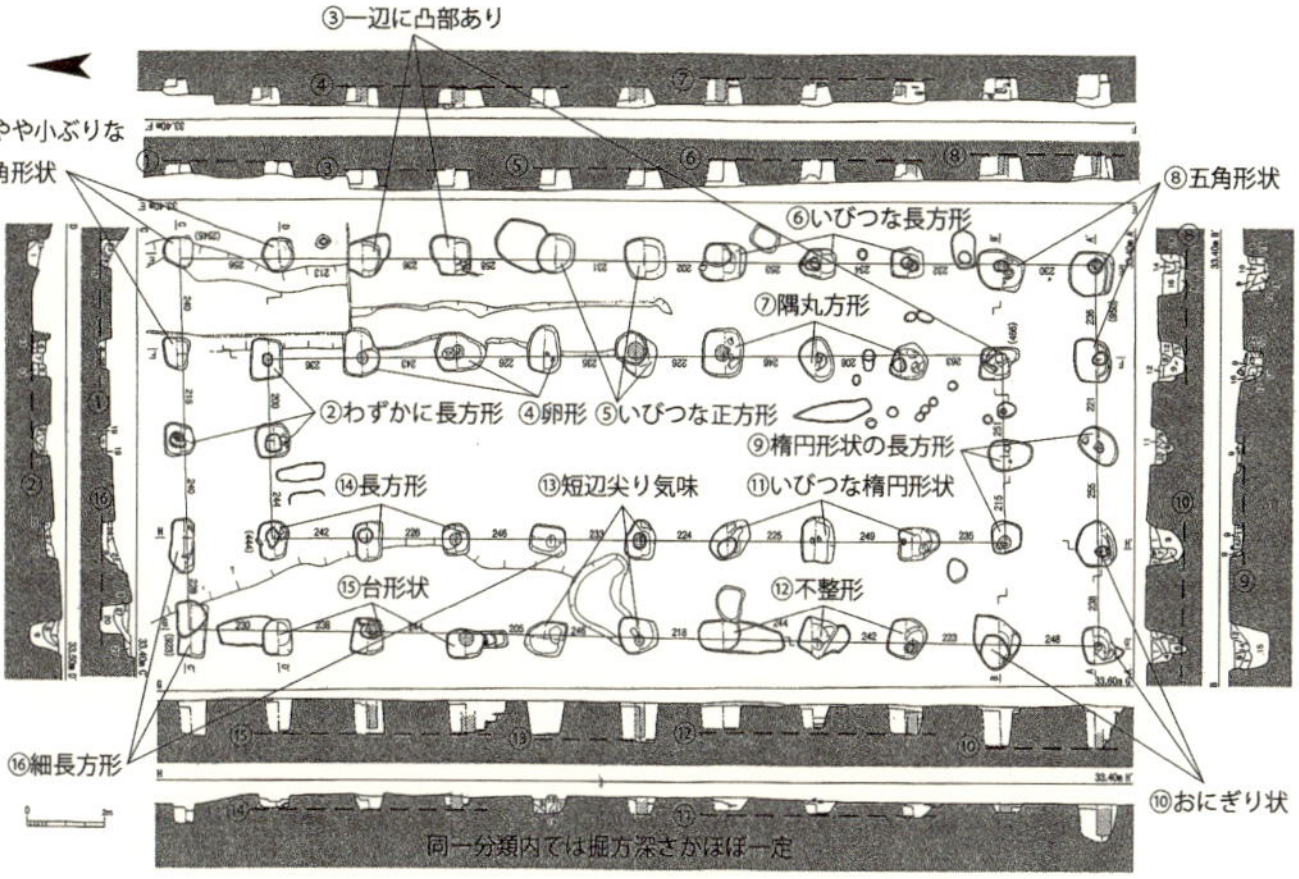

図50　大宰府政庁前面広場SB2300の柱掘方と形状分類

に際し、柱掘方掘削に従事した役夫は、一〇名あるいは一一名一班で編成されていた可能性が浮上する。

柱掘方の平面形と深さ

藤原宮にみられるこうした特徴は、柱掘方の平面形だけにとどまらない。というのも、福岡県太宰府市大宰府《だざいふ》政庁《せいちょう》前面広場に所在する大型南北棟建物SB二三〇〇では、おなじ「くせ」として括ることができる柱掘方同士は、深さもほぼ均一となり、異なる「くせ」の柱掘方では深さも変わるからだ（図50）。このように、役夫によって掘り上げた柱掘方の深さにも「くせ」があらわれる場合があるため、柱穴は可能なかぎり断面の情報も図面や写真などに記録する。そうすると、発掘調査後の遺構をあらためて検証する素材がえられる。

一〇名で一班だった役夫

以上、わずか三棟分の建物を検討するにとどめたが、柱掘方の掘削に従事した役夫は、藤原宮の場合、一〇名ないし一一名を一班として編成した可能性が浮かんできた。もちろん、この推定は、柱掘方の形状的な特徴を分類する基準をいかに明確化させるか、確度をさらに高めるための方法を確立する必要があるなど課題を残す。

ただ、史料からみた役の編成は、一〇人単位を最小単位とすることがあきらかであり、先ほど推定した結果と見事に符合する。こうした都城の造営作業に際して編成された一班あたりの人数が広く共通していたとするならば、列島初の都城の造営は、整然とした造営体制をもとに推進されたことになる。都城造営という巨大なプロジェクトをつつがなく推し進めるには、造営に従事する膨大な人員をいかに制御できるかが大きな鍵となる。そのひとつが、一班につき役夫一〇人という編成にあらわれ、都城の造営には、ここで示したような一〇人一班とした作業班をいくつも編成し、作業に従事したはずだ。つまり、こうした人数編成による作業のありようこそ、律令的な造営体制とよぶにふさわしい（青木二〇一二E）。

藤原宮大垣の柱抜取穴

藤原京造営当時、まだ築地塀《ついじべい》（版築によって土砂を突き固めた塀のこと）はなく、宮を区画する大垣《おおがき》とよぶ巨大な塀は掘立柱だった。柱は、推定高さ五・五㍍という巨大なものだ。なおかつ、これを四㌔にわたって立てるのだから、用材量は大型の殿舎に換算すれば何棟分、いや何十棟分にもおよんだのだろう。

さて、塀に使われた部材を転用するには、現地から柱を抜き取るところからはじめねばならない。なにせこれだけ巨大な柱である。とくに一本柱は、地中に深く埋めないと安定しないため、一辺一・三〜一・八㍍もある大きく深い穴に埋めてあったが、それを抜き取るには、まず柱の周囲を穴状に掘り下げ、柱を動かせる状態にせねばならない。この穴を柱抜取穴（抜取穴）とよぶ。大垣は長い柱のため、ゆっくり引き倒しながら抜かなければならないので、抜取穴は細長い形状になる。大垣の発掘調査で抜取穴を検出すると、舌状の細長い特徴的な形状をした抜取穴が連続して並ぶ。

この大垣の抜取穴、実は興味深い規則性をもつ。というのも、抜取穴は一〇ないし一六基以上の単位で同じ方向かつ同じ形状で規則的に掘られていたのだ。つまり、編成された役夫集団が受け持つ区間は、柱穴一〇基ないしは一六基単位と決められていたことが推測できる（山中二〇〇三）。同じかたちで整然と掘りあがった抜取穴をみると、統制のとれた役夫集団が柱を抜き取っていた情景が目に浮かぶようだ。藤原宮は、造営時のみならず解体時も整然と監督が行き届いたなかで作業が進められていたことがうかがえる。そして、一〇という単位がまたもや出てきたが、律令制下の労働力編成は、一〇という数値を基本的な単位としたらしい。土木技術は、観察の視点を転じて検討を加えることによって、社会構造や組織を復元する手がかりを与えてくれる素材にもなるのだ。

寺院・宮殿建築の変容

奈良時代

掘込地業が意味するもの

掘込地業とは

ここからは、奈良時代の土木技術について説明を加えていくことにしたいが、主な検討の対象は、都城の宮殿や寺院となる。ということは、当時の都だった平城京が話題の中心となることはいうまでもない。ただ、平城京についてばかりお話しするだけではなく、前章と一部重複してしまうが、そのひとつ前の都である藤原京も含めて説明する。なぜならば、藤原京から議論をはじめることで、藤原京と平城京、ふたつの都城の造営に共通する土木技術が果たした役割、これが活写できると考えたからにほかならない。

さて、前の章から繰り返し出てくる掘込地業《ほりこみじぎょう》とは、おそらく聞きなれない用語であろう。瓦葺《かわらぶ》き建物は、屋根荷重が植物質の屋根葺材に比べて格段に増加する。基本的に瓦

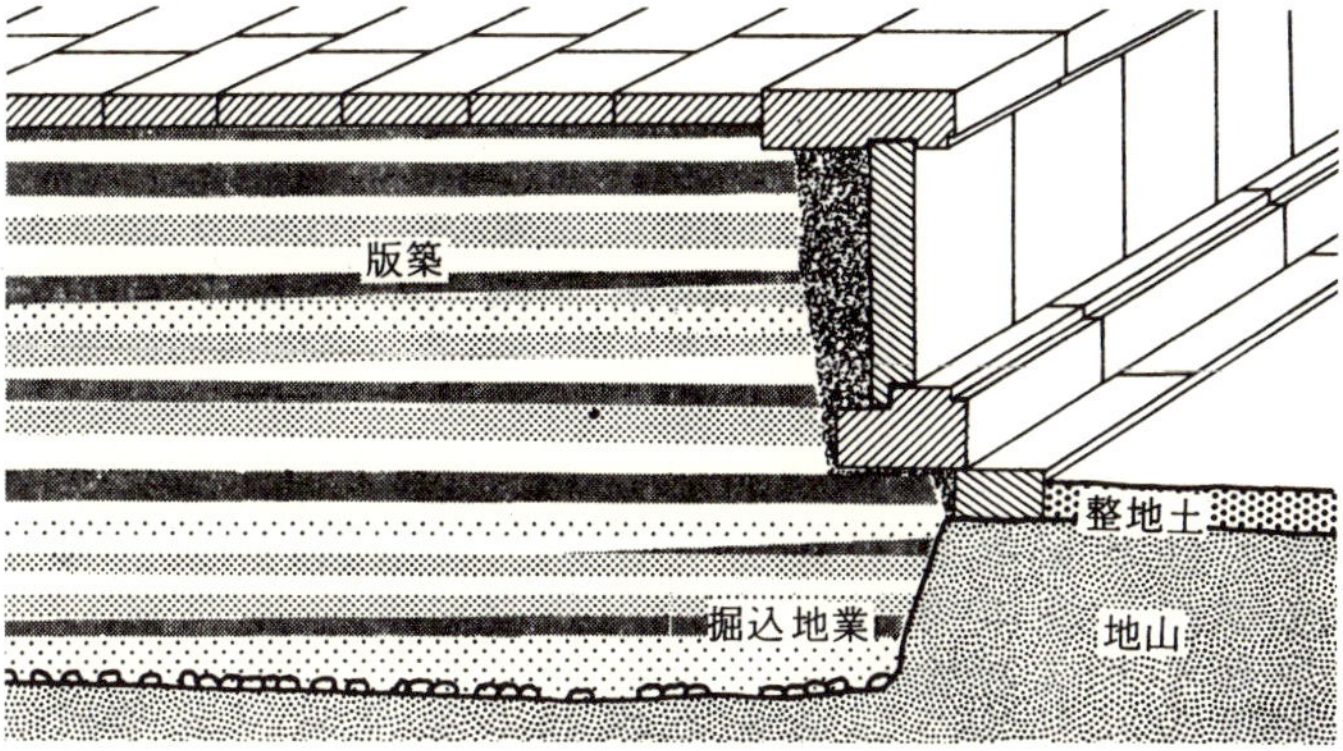

図51　掘込地業と版築の模式図

葺き建物の場合、瓦葺きの屋根の重さを支える柱は、礎石《そせき》とよぶ大きな石が受け止めるが、軟弱な地盤に建てる場合、いくら硬い石といえども、礎石だけであると建造物の重みで沈んでしまう。そのため、数多くの礎石を受け止めるための頑丈な土台が必要となり、そこで版築《はんちく》などによる強固な基壇《きだん》が登場する。しかし、基壇を支える地盤自体が脆弱であれば、基壇もろとも沈み込んでしまいかねない。そうなると、地盤そのものを頑丈にする技術が必要となる。古代では、基壇直下に大きな掘り込みを設けて、そのなかを土砂で埋め固めることで地盤を改良した。それこそが古代中国が発祥の掘込地業である（図51）。

掘込地業は、形状に応じて総地業・壺地業・布地業と三つに分類できる。まず総地業は、基壇全体をカバーする大きさの穴を掘り、そこを土砂や礫などで埋め固める方法をさす。次に壺地業は、柱を受ける礎石の下に方形ないしは円形の穴を掘って、その内部を土や礫などで埋め固める方法である。最後に布地業は、礎石列の下を溝状に掘り（これを布掘りという）、内部を土や礫などで埋め固める方法である。壺地業や布地業は、総地業にくらべて掘削面積が狭くなることから、総地業の簡略形と理解してよい。

寺院の技術が宮殿に

日本列島の歴史で初の本格的都城として造営されたのが藤原京である。中国にならって碁盤の目状に道路を通し、道路で仕切られた区画内に宮殿や官衙に出仕する役人らが居住した都市であった。『周礼《しゅらい》』考工記《こうこうき》匠人営国条の記述をもとに、都城の理想形として京の中心に配された宮殿、それが藤原宮である（小澤二〇〇三）。

ここで忘れてはならないのが、藤原宮は日本列島の歴史上、瓦葺き建物を殿舎に採用した初の宮殿であったという点だ。それまで宮殿の屋根は、みな木の皮や草など植物質の屋根葺き材であり、藤原宮以降も内裏の殿舎などは、植物質の屋根葺き材から変わることがなかった。瓦葺きを採用したのは、それまでの宮殿になかった大極殿とその周囲の殿舎や回廊などであった。

藤原宮造営以前、瓦葺きの建物といえば、寺院にほぼ限られていた。藤原宮の主要殿舎は、その寺院造営の技術を宮殿に援用した。一例として、香川県三豊市宗吉《むねよし》瓦窯《がよう》で製作された瓦が藤原宮へ供給されたことをあげておく。宗吉瓦窯産の瓦は、丸瓦の凸面や平瓦の凹面を丁寧にミガキ調整し、黒光りする百済の系統の瓦にない特徴を有する。花谷浩氏は、こうした瓦が、隋唐の宮殿に葺かれた瓦の製作技法を意識して製作された可能性を指摘する（花谷二〇一〇）。

当時の日本は、唐の政治システム、つまり律令《りつりょう》制《せい》を導入して国づくりをおこなうさなかにあった。律令国家を体現する施設として宮殿の装いも中国にならおうと、瓦葺きの礎石建物が採用された、それが藤原宮だ。瓦葺きの礎石建物は、すでに一世紀あまり寺院で用いられていたからこそ、造営のノウハウも相応に蓄積されていたにちがいない。

掘込地業を採用した理由

しかしながら、土木技術という観点から藤原宮と寺院とが完全に共通するかといえば、どうもそう簡単な話ではない。では、どこが違うのかというと、宮殿の場合は、建物に応じて土木技術にも格式が明確に表現された点である。まさか、土木技術に格式などあるはずがない、と思われるかもしれない。その疑問を解消するためにも、まず藤原宮の例を紐解き、階層化していた土木技術の存在をあきらかにしてみたい。

掘込地業は、一種の地盤改良と先に述べた。ということは、脆弱な地盤に重量がかさむ建造物を造営する際、地盤改良が不可避である。これこそが掘込地業を設ける第一の理由だ。重量がかさむ建物とは、すなわち先述した瓦葺きの礎石建物である。瓦屋根は、とにかく重たい。だからこそ安定した地盤でなければ、建物が不同沈下するおそれがあるため、掘込地業という地盤改良をおこなうことが必須だった。

藤原宮の門

藤原宮は、平面がほぼ正方形を呈するが、東西南北各辺に三つの門を設置した。たとえば東辺の門は、南から順に東面南門・東面中門・東面北門、とよんでいる。宮を全周すると合計一二の門が設けられており、宮殿に出入りする門の総称として、宮城一二門という言葉がある所以である。この一二門以外にも、大極殿を取り囲む回廊に大極殿南門・北門・東門・西門の四棟、貴族層の伺候空間である朝堂が立ち並ぶ区画に出入りするための門など、藤原宮には多数の大型の門が設けられた。

さて、藤原宮が置かれた場所は、元はというと、小規模河川が多数流れるような湿潤な土地であった。そこを埋め立てて都としたのである。当然のこと、湿潤な土地の上に巨大な宮殿を造営し、なおかつ主要な殿舎や門は瓦葺きの礎石建物としたのだから、地盤改良が欠かせない。宮へ出入りする門も同じだ。

大極殿南門と掘込地業の差別化

ところが藤原宮の門では、掘込地業のなかでも総地業を使用する例は、今のところ大極殿の正面に設置された南門だけである（図52）。大極殿南門は、藤原宮造営時の運河などを埋め立てて造営され、こうした

図52　藤原宮大極殿南門の掘込地業と版築

土壌的に脆弱な環境が総地業を採用した理由と容易に推定できる。ところが、大極殿南門とほぼ同じ土壌環境に造営された北面中門では、どういったわけか壺地業を採用した。これは、総地業を使わなかったのか、あるいは使えなかったか、いずれの理由に帰するのだろうか。

くりかえしになるが、大極殿南門は大極殿の南側に建ち、儀式によっては天皇が出御する場合もあった大変格式の高い門である。臣下が目にする朝堂側の階段には、二上山《にじょうさん》の凝灰岩《ぎょうかいがん》を用いるのに対し、大極殿側の階段の石材は、「大王の棺」に採用された竜山石《たつやまいし》をわざわざ使う、それほどまでに天皇が出御する空間を臣下の空間とは差別化したのだ。いうなれば、大極殿南門とそれ以外の門とは、おそらく異なる格付けが与えられていたことになる。つまり宮殿の門は、掘込地業などの土木技術までも格式に応じて使い分けられた可能性が高い（青木二〇一〇C）。具体的にいえば、大極殿南門では掘込地業のなかでも総地業、そのほかでは壺地業、といった格式に応じた差別化である。格式のちがいが掘込地業に表現されたとするならば、総地業を採用した施設は、最高の格式を備えた建物にちがいない。くりかえすが、藤原宮は、不可視部分にまで格式化を徹底させた宮殿だったのだ。

掘込地業の厚さ

では、土木技術も差別化されていたとの推定は、藤原宮のみならず寺院の堂塔にも該当するのだろうか。無論、掘込地業を用いた建造物は、門にとどまらない。とくに高層建築である塔は、掘込地業を用いる代表例である。一方で、塔であっても掘込地業を用いることなくつくられた例も存在する。ただ、土壌環境だけですべての例が説明できるかといえば、かならずしもそうとはいえず、ほかにも理由があるように思う。そこで、別に理由があるのか、少し探ってみたい。

まず、基壇の高さ（基壇高）と掘込地業（総地業）の厚さ（掘込地業厚）との間に相関性が存在するのか検討する。なぜこうした項目を検討対象とするのか、その理由としては、重量がかさむ建物であるほど、より深くまで地盤改良する必要が生じるため、上部構造のちがいに応じて掘込地業の厚さにもちがいが認められるのではないかと考えたためである。ちなみに、基壇の高さと掘込地業の厚さ、双方の数値を合計したものを地業総高とよぶ。なお、版築基壇だけの例は、基壇の一部について周囲の地盤から削り出した例もわずかながら存在するが、おおむね基壇高＝地業総高となるものが一般的である。

掘込地業をもつ塔の地業総高

まずは、掘込地業（総地業）が存在する寺院における塔の例について、造営時期の古い順に数値を列挙してみよう。

飛鳥寺《あすかでら》塔（奈良県高市郡明日香村、六世紀末～七世紀初頭）　基壇高〇・六メートル以上、掘込地業厚三メートル、地業総高三・六メートル以上。

川原寺《かわらでら》塔（明日香村、七世紀中頃）　基壇高一・八メートル、掘込地業厚〇・五メートル、地業総高二・三メートル。

山田寺《やまだでら》塔（桜井市、六七六年完成）　基壇高一・七四メートル、掘込地業厚〇・八メートル、地業総高二・五四メートル。

奥山廃寺《おくやまはいじ》塔（明日香村、七世紀後半）　現存基壇高〇・六五メートル、掘込地業厚約一メートル、当初の基壇高はもう少し厚いため、推定地業総高は二メートル弱。

尼寺《あまでら》廃寺塔（葛城市、七世紀後半）　基壇高一・四メートル、掘込地業厚〇・五メートル、地業総高一・九メートル。

高麗寺《こまでら》塔（京都府木津川市、七世紀後半）基壇高一・五メートル、掘込地業厚〇・五メートル、地業総高二メートル。

郡里《こうざと》廃寺塔（徳島県美馬市、七世紀後半）基壇高約一・七〜一・八メートル、掘込地業厚〇・一五メートル、地業総高約一・九メートル。

栃本《とちもと》廃寺南塔（鳥取県鳥取市、八世紀前半、非瓦葺きと推定）基壇高一・〇メートル、掘込地業厚〇・六メートル、地業総高一・六メートル。

掘込地業をもたない塔の地業総高

次に、掘込地業をもたない塔の例について、時期を追って順に紹介しよう。ここでとりあげる例は、基壇高がほぼ地業総高と同一となることから、基壇高のみを記載する。

吉備池《きびいけ》廃寺塔（桜井市、六三九年造営開始）基壇高二・八メートル。

文武朝大官大寺《だいかんだいじ》塔（奈良県橿原市、七世紀末〜八世紀初頭）基壇高約二メートル。

海会寺《かいえじ》塔（大阪府海南市、七世紀後半）基壇高一・九メートル。

野中寺《やちゅうじ》塔（藤井寺市、七世紀後半）基壇高一・八メートル。

掘込地業の有無と地業総高

類例をみると、掘込地業をもたない塔基壇は、基壇高が二メートル前後となる例が多い。ただし、吉備池廃寺塔のように三メートルに達するような高い基壇となる稀有な例もある。一方、掘込地業をもつ例の多くは、基壇高が一

～一・五メートル弱と、掘込地業をもたない例より低い。そうなると、掘込地業の有無に応じて塔の基壇高は異なるようだ。基壇高のちがいは、心礎の設置方法のちがい、すなわち地下深くに設置する地下式、あるいは基壇の中に設置する半地下式、これらに対して基壇上面に設置する地上式、といった心礎の設置方法のちがいに起因するらしい。地上式心礎の例としては、吉備池廃寺塔が古い例にあげられるが、ここには掘込地業がないことがその証左となる（一三六頁）。

礎石が地上式へと変化し、ぶ厚い心礎を被覆できる高さの基壇が必要となった。つまり、地上式心礎の出現によって、地下式心礎と比べて基壇高が高くならざるをえず、結果として基壇高が増すという傾向は、いたって合理的だ。しかし、文武朝大官大寺塔のような九重塔（推定基壇規模三二メートル四方）と海会寺塔（基壇規模一三・二メートル四方）との間にみられる基壇や建物の規模に各段の違いがあろうとも、基壇高はほぼ同じだ。言い換えれば、基壇の高さと塔の規模とは比例しないということになるが、ではその理由はどこにあるのか。

地業総高の変化

注目したい要素は、先にふれた地業総高である。掘込地業を有する最古の例である飛鳥寺塔だけ、心礎石据付穴底部からの地業総高が四メートル近く、相当に厚い。ところが、七世紀中頃に建立された例であると、たとえば川原寺の場合は、地業総高が二・二メートル、山田寺は二・六メートル、掘込地業をもたない吉備池廃寺塔の基壇高は二・八《メートル》と、掘込地業の有無を問わず、その数値は二・五《メートル》前後にまとまるのだ。

それが七世紀後半になると、掘込地業を有する奥山廃寺塔で二《メートル》弱、尼寺廃寺塔が一・九《メートル》、掘込地業がない海会寺塔では一・九《メートル》、野中寺塔が一・八《メートル》と、やや厚みを減らして一・九《メートル》前後に値が一定する。七世紀末の巨塔である大官大寺では、地業総高が二・〇《メートル》と、吉備池廃寺に比べてやや低くなるものの、七世紀後半以降の各塔の例と大差ない地業総高だ。塔の規模としては、吉備池廃寺も大官大寺も規模の面で大差ない巨大な九重塔と推定され、建物規模の違いが地業総高と連動するとは考えがたい。

以上のことから、地業総高の変化は、時期差に帰結すると考えられる。そして、各地の塔の例をみても、右の傾向は大きく変わらないことから、地業総高の減少は、各地に広く共通する傾向といえる。つまるところ、各地が独自の技術を使って建立したのではなく、むしろ都がある近畿地方の技術をもとに造営した、といえる。これは、基壇づくりの技術が都を起点として各地に拡散していった事象と同様、王権が主導した可能性を示唆する。古墳づくりの場合と同じ理解にたつと、都の技術者が各地へおもむき寺院造営を指導したと考えられることから、すくなくとも都の寺院と同じ技術による造寺・造塔は、王権の意向をうけた事業と理解すべきだろう。

掘込地業（総地業）を有する塔以外の建物のひとつに、宮殿や寺院の門があげられる。そこで、次に藤原宮や平城宮、さらに平城京内の寺院など発掘調査された総地業を有する門の例を紹介し、塔で導き出した地業総高の変化が門にも適用できるか考えてみたい。

藤原宮大極殿南門の地業総高

藤原宮で総地業を有する門の例は、すでに述べたとおり、大極殿南門（七世紀末）だけである。大極殿南門は基壇の大半が失われ、基壇高については確定できない。ただし、竜山石の切石を使用した北面階段の地覆石《じふくいし》は、基壇から一メートルほど突出する。階段の傾斜角を四五度と仮定すると、突出部分の長さと基壇高とが同一となる。その場合、推定基壇高は一メートル、掘込地業厚は一メートル前後、よって地業総高は約二メートルと推定できる。

平城宮の門における地業総高

藤原宮に続く平城宮第一次大極殿南門（八世紀初頭）でも総地業が採用される。第一次大極殿南門は、基壇が失われているため、高さは断定できない。発掘調査報告書では、階段の出が一・一メートルと復元されており、そのままこの数値を推定基壇高とすると一・一メートル、掘込地業厚は〇・五〜〇・六メートル、推定できる地業総高は一・六〜一・七メートルとなる（奈良国立文化財研究所一九七八）。

次に宮城門だが、平城宮の南面中門である朱雀門（八世紀初頭）は、一九六四年におこなわれた発掘調査成果によると、朱雀門《すざくもん》の推定基壇高は一・五メートル、掘込地業厚は一・五

〜一・六メートル、地業総高は三メートル前後と推定できる。

西面南門である玉手門《たまてもん》は、掘込地業厚が〇・六メートル、西面中門である佐伯門《さえきもん》の掘込地業厚は〇・七メートル、基壇外装や雨落溝などの遺構が失われていることから、当初の掘込面はこれよりも高くなることが確実だ（奈良国立文化財研究所一九七八）。当然のこと基壇も失われているため、地業総高は推定の域を出ない。ただし、比較的近い規模の東大寺転害門《とうだいじてがいもん》（国宝、奈良時代）の基壇高は一メートルほどであり、これに近い基壇高とすれば、玉手門および佐伯門の地業総高は、一・六〜一・七メートルと、第一次大極殿南門とほぼ同じ値を示す。南面東門である壬生門《みぶもん》では、奈良時代後半の門にともなう掘込地業を検出したが、その厚さは残りのよい北半部で〇・八メートル、基壇高を一メートル程度と見積もると、推定地業総高は一・八メートルとなり、これまた玉手門や佐伯門と数値的に大差ない（中村・千田・加藤一九八一）。

なお、これら門の推定規模は、朱雀門が桁行五間（屋根の棟に並行する柱間が五つ）、梁行二間（屋根の棟の直交する向きの柱間が二つ）、一七尺等間（桁行・梁行の柱間の距離がともに一七尺）、玉手門・佐伯門・壬生門とも桁行五間、一七尺等間、梁行二間、一五尺等間となり、朱雀門が最大規模、他の門は朱雀門より梁行規模を縮小した規模となる。

平城京の寺院の門とその地業総高

平城遷都とほぼ同時に造営を開始した興福寺《こうふくじ》、その正門である南大《なんだい》門《もん》(八世紀前半)は、古記録や発掘調査成果などから、桁行五間、梁行二間の重層入母屋造《いりもやづくり》、つまり二階建てだったと考えてよい。発掘調査の結果、基壇高は一・八五メートル以上、掘込地業厚は〇・五メートル、地業総高は二・三五メートル以上となる。礎石《そせき》の根石《ねいし》(礎石の下に敷く小型の石)が露出した状態で検出されたことなどから、本来の基壇頂部はこれより数十センチ高く、南側の地業総高が約二・九メートル、版築層の最大厚が二・六メートルといった数値からみて、本来の地業総高は、最大で三メートル前後となるはずだ。

文武朝大官大寺の法灯を継ぐ大安寺《だいあんじ》の南大門(八世紀前半か)は、桁行五間、梁行二間、一七尺等間の重層門と推定される。基壇高と掘込地業との境界が不明だが、基壇高は五尺を超えないと推定されている。地業総高は、現状で一・八五メートル、後世の削平を加味し、本来は二メートル以上だろう。となると、基壇高を一メートルと低く見積もっても、大安寺の南大門は、興福寺南大門と同じく三メートル前後の地業総高を考えてよい。

西大寺《さいだいじ》の尼寺として神護景雲元年(七六七)に造営を開始した西隆寺《さいりゅうじ》の東門は、基壇高〇・六メートル、掘込地業厚〇・三五メートル、地業総高は〇・九五メートルと、興福寺《こうふくじ》や大安寺に比して地業総高がかなり薄い。門は、桁行三間、梁行二間の切妻造《きりづまづくり》と推定され、興福寺・大安寺の両南大門より規模が小さい。

以上の例をうかがうかぎり、門の地業総高は、①一《メートル》前後、②一・七《メートル》前後、③二・五〜三《メートル》前後、と三分類できる。これは、塔で推定した時期差ではなく、むしろ門自体の構造に起因する可能性が高い。と

門における地業総高のちがい

いうのも、門遺構における地業総高の差は、紹介した例をみるかぎり、単層か重層か、あるいは桁行五間か三間かといった、建物の規模や格式の違いに呼応するようにみえるからだ。同一規模と推定できる玉手門・佐伯門・壬生門などの掘込地業厚は、大差がなく、基壇高もほとんど差がない。加えて、梁行規模がこれらより大きく、重層と推定される宮の正門たる朱雀門は、地業総高が先の三つの宮門より大幅に増大する点を重視するならば、門の規模や格式に呼応して地業総高も変わったととらえるのが妥当だ。桁行三間と上述した宮城門より小規模な西隆寺東門の場合、地業総高が〇・九《メートル》と、宮城門の半分程度しかない点は、規模の大小に応じて地業総高を変えた証左となる。以上のことから、門の地業総高は、門に与えられた格式や構造に応じて決定されたと判断できる。

最後に、これまでの検討を通して、掘込地業のちがいから導き出せることをまとめておこう。

地業のちがいが語ること

まず、塔の土台部分における掘込地業の底から基壇の上面までの高さ、

すなわち地業総高は、時期に応じてほぼ一定した値を示すことがあきらかになった。つまり、地業総高は時期に応じて変化したともいいうるが、具体的には、時期が下るにつれて、地業総高が減少する傾向が認められた。また、塔をつくる際、地業総高は一定の高さとするよう決められていた。以上の点から、造塔に際して版築や掘込地業などの地業の厚さは、規格化していたようだ。加えて地業総高が揃う例が、飛鳥地域のみならず各地に認められる点から、土木技術までふくめた造塔の技術は、都から各地に伝わったと考えるのが妥当である。つまり、各地における寺院造営の多くは、今でいう「政府主導」の事業という側面が強かった。

他方、門のように建物の規模に応じて地業総高が一定となる例がある。門は、塔と異なり心礎や心柱をもたず、建物の基礎構造に大きな差がないものの、門が単層か重層か、あるいは桁行五間の門・三間の門といった建物の規模、つまり格式に応じて地業総高が決められていたと考えられる。

以上の検討をまとめると、基壇や掘込地業の厚さのちがいは、建物の種類によって時期差があらわれる場合、一方で格式を表現した場合など、それぞれ背景が異なっていた。さらにいうと、発掘調査時に性格が不明な遺構を検出し、掘込地業が認められる場合、その厚さが判明したのならば、その遺構の性格が復元できる可能性も視野に入ってくる。つまり発掘調査で検出した遺構が、本来どういった性格だったのか推定する際、土木技術のみならず規模という観点に光をあてることで復元が可能となる場合もあるのだ。土木技術が語りかけてくること、それはわたしたちが考える以上に豊かで、深い。

東大寺法華堂を掘る

東大寺法華堂の基壇

二〇一二年四・五月、国宝東大寺法華堂《ほっけどう》（三月堂）の基壇部分の発掘調査が実施された。東大寺法華堂（以下、法華堂）といえば、東大寺で最古の建造物であり、正堂《しょうどう》と礼堂《らいどう》の二棟の建物を、鎌倉時代に合体させて一棟とした名建築として著名である（図53）。さらに正堂内の本尊である不空羂索観音《ふくうけんさくかんのん》立像や、その背面に安置された秘仏の執金剛神《しゅこんごうしん》像など（いずれも国宝）、きわめて優れた天平仏が数多く安置されており、その素晴らしい仏教空間に誰もが心を奪われる。この名高き国宝建造物で実施した発掘調査は、正堂の諸仏が安置される須弥壇《しゅみだん》の修理事業にともなうもので、奈良県立橿原考古学研究所と奈良文化財研究所との合同調査だった。筆者は、奈良文化財研究所の担当者として発掘調査に従事したが、法華堂の発掘調査成果については、すでに

図53　東大寺法華堂

いくつかの報文が公表されており、そちらを参照いただければ幸いである（青木・大西・須藤二〇一六など）。以下の発掘調査成果については、これら報文を参照した。ここでは、発掘調査時に筆者が気づいたことや考えたことを少し書き連ねてみたい。

さて、発掘の手順としては、須弥壇が撤去された基壇上面を丁寧に清掃し記録したのち、トレンチ（試掘坑）を設定し、徐々に基壇土を掘り下げてるのだが、掘り始めてすぐに気づいたのは、版築層がとても硬いことであった（図54）。ある程度掘り下げてさらに分かったのだが、基壇は版築によって突き固められていた。そのうち、基壇版築層の上二〜三層分がとくに硬く締まっていたのだ。そのときは、ずいぶんと丁寧に突き固めてあるなと思った程度だった。しかしその後、筆者は薬師寺東塔の発掘調査を担当した際に、同じ現象に出くわし、その謎の解明に悪戦苦闘することになるが、この続きは、後であらためてお話しすることにしよう。

法華堂の基壇版築土は、基壇の東側で五〇《チセン》、西側で六〇《チセン》ほど、その下は地山である岩盤が展開していた。ただ、この岩盤層がみえてくる標高は、基壇周囲の標高よりも高いため、基壇周りの地山を削り落とし、基壇の下半分としていた。こうした基壇を地山削り出し基壇とよんでいるが、東大寺の近辺では、興福寺中金堂などが代表例である。興福寺中金堂は、寺院の中核となる堂宇であり、その立地は地形的にもっとも安定した場所を選んだといえよう。

なぜならば、この地山削り出し基壇は、実に理に叶ったつくりであるためだ。地山が地耐力の高い硬い岩盤などであれば、人工的に土砂を突き固めた版築の基壇にするよりも、自然の地盤の上に建物をつくるほうがよほど安定する。法華堂の周辺は、山の中腹部分を削り出して平らな場所を確保しており、その際に基壇の下半も自然の地盤から削り出したと考えられる。なお、基壇の上半分が版築であった理由としては、次にふれる礎石を設置する方法とかかわってくるのかもしれない。

礎石の据え付け

法華堂は瓦葺き礎石建物のため、当然のことながら柱を支える礎石を設置する（図54）。礎石は大きな石であるから、設置に際しては、基壇に石をただ乗せるのではなく、穴を掘ってからそこに据え付けるという工程を組み込む。

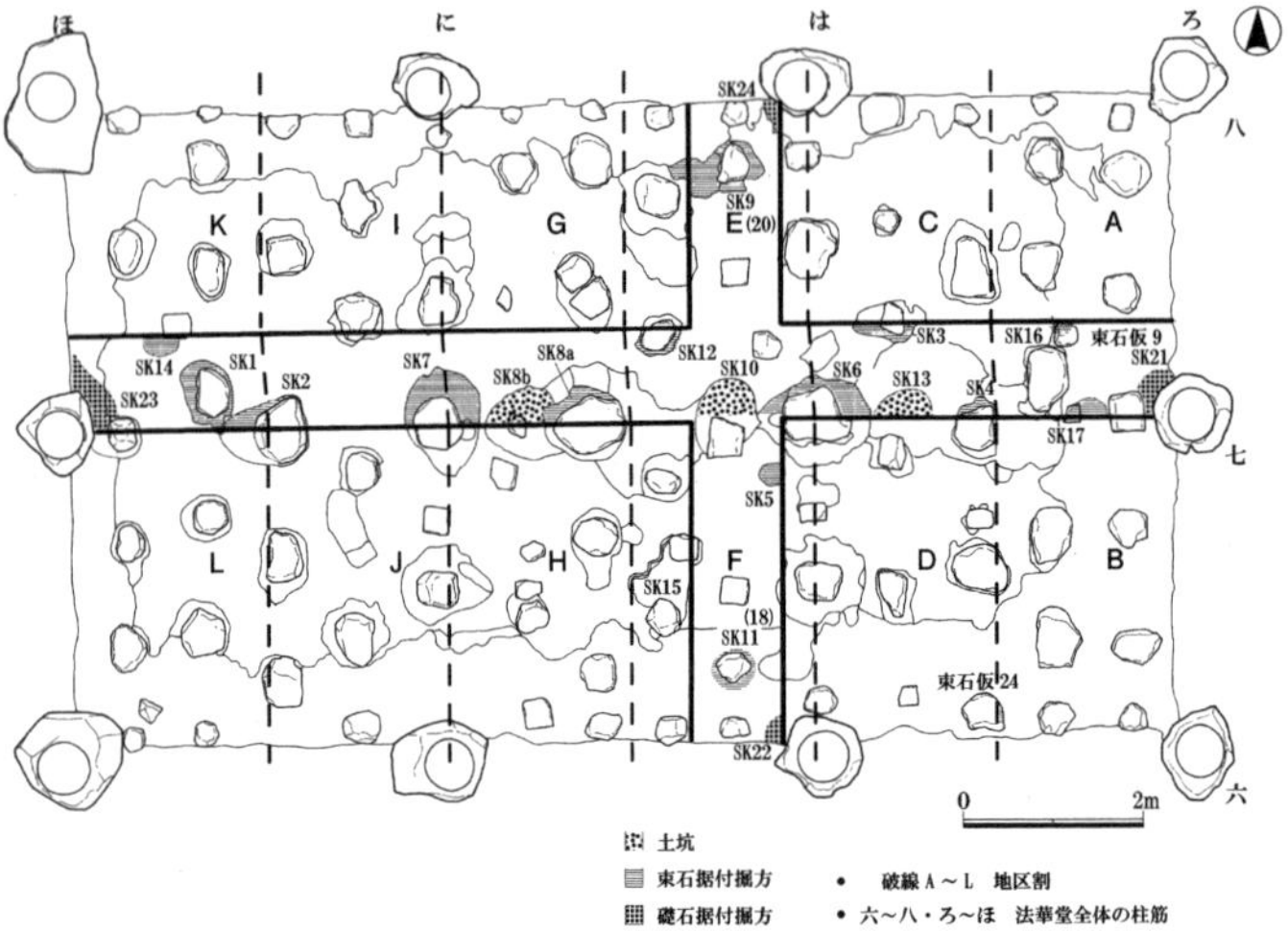

図54　東大寺法華堂正堂須弥壇下の状態
外周の大型の石が正堂の礎石、中央の太線の範囲が調査区

ならば、礎石を据え付けた際の穴、すなわち礎石据付穴の痕跡をみつけることができれば、どの面から礎石据付穴を掘り込んだのかはっきりする。飛鳥時代の礎石建物の多くは、礎石据付穴を基壇の上面から掘削する。法華堂も天平年間（七二九～七四九）の建立と考えられるので、基壇上面から礎石据付穴を掘ったのだろうと思いきや、礎石の据え付けをおこなった面は、何層にも重なる基壇版築の下層だった。つまり法華堂では、礎石の据え付けと基壇版築の作業を並行しておこない、飛鳥時代の礎石据付穴のように、基壇をいったん完成させてからわざわざ礎石を据え付ける穴を掘る、いわば「二度

手間」から解放される、いたって合理的な方法を採用していた。

基壇構築と礎石の据え付けとの一体化

基壇をつくるといっても、その上部に建物本体が乗るわけだから、基壇づくりの段階で建物の柱位置なども織り込み済みでないと、礎石は正確に設置できない。逆をいえば、礎石を基壇構築と同時におこなっていたということは、柱の設置位置などを、基壇構築時に施工者側が正確に把握できていたことを意味する。基壇構築と建物部分の建築計画とが一体化していないと、基壇構築の過程で礎石設置を組み込むことはむずかしい。つまり飛鳥時代では、基壇構築を終えてから礎石位置を割り出し、当該位置に穴を掘ってから礎石を設置する。極端にいってしまえば、建物がおさまる大きさとなる基壇の規模さえ伝えておけば、基壇をつくることができたのだ。ということは、基壇づくりの担当者は、建物部分の施工者とまったく別の人間であった。

それが法華堂《ほっけどう》では、礎石の設置が基壇構築と一体となっており、建物部分の施工者が、基壇構築も一連の造作として管理・監督した可能性が浮上する。おそらく基壇をつくる工程が、建物建設の第一段階として組み込まれたのではなかろうか。もう少し表現を平易にすると、土木施工業者と建築施工業者とが一体化した工事を法華堂ではおこなっていた、それ以前では別々に施工管理されていた可能性がある、このように考えたいのである。

古代における寺院の造営体制は、時期が下るにつれて変容していった、あるいは寺院に応じて異なる体制をとっていたのだろうか。興味は尽きないが、話を先にすすめよう。

版築層に混じる礫

さて、基壇版築を掘り進めていくと、どうしても気になる点が出てきた。それは、版築層の中に径数センチ程度の礫が混じることだ。自然に混入したといえるほど礫の量が少ないというわけでもなく、かといって先述した新羅の系統の基壇構築のように、大型の礫を一面に敷き詰めるのでもない。径数センチの小礫が、パラパラと混じる程度である。状況からいって、あきらかに意図的に混ぜたとしか思えないのだが、では礫を混ぜた理由はなにか。謎が解けぬまま調査は進んでいった。

発掘を終え、記録作業もすべて終わり、トレンチを埋め戻す段になった。埋め戻しは、版築によることとし、当初と同じ土壌硬度に復元しようということになった。そこで、ちょっとした問題が勃発した。

版築をするには、当然のことだがまず土を入れ、突棒で丁寧に突き固めるが、最初に入れた土が突き固めによってどの程度圧縮できたか確認しなければいけない。たとえば、厚さ一〇センチの土を入れた場合、厚さ五～六センチになるまで突き固めるといった具合である。この圧縮した厚さをいかにして確認するか、つまり厚さが五センチになったことをどのようにして視認するのか、という問題に行き当たったのだ。

礫は版築のスケール

その時おもい出したのが、先の礫であった。礫の厚みは、いずれも数チセン、版築層を一層ずつはがしていくと、ちょうど下の版築層の上面から少しだけ顔を出していることが多い。もしかすると、これは礫の厚さと版築層一層あたりの厚さが同じなのかもしれないと思い、あらためて法華堂の基壇版築の断面を観察すると、版築層一層の厚みが礫の厚みとほぼ一致するではないか。なるほど、版築する際に土を入れるが、その前に礫を適当に撒いておく。その上で土を入れて、突き固めをおこなう。礫は版築層の厚さとほぼ同じものとし、突き固めによって圧縮された土の表面に礫が頭を出せば、礫の厚み分まで突き固まった証拠になる。つまり、礫は版築をおこなう際の厚さを視認するスケールとして使われていたのだ。そのように理解すれば、礫がまばらにしか認められないという出土状況も必然的だったと理解できる（青木二〇一三C）。これがわかると、版築の層界を判別することも容易となる。

謎の白い繊維と経典

さて、ここで同じ版築でも少し話題を変えてみよう。調査時に法華堂の基壇版築の上層から、なにやら白い繊維が混じって出土することがあった。なんだろう、草の根だろうかと思い、初めはあまり気にも留めていなかったが、よくよく観察すると、それが繊維ではないかと考えるようになった。しかし、なぜ基壇版築土の中から白い繊維が出土するのだろうか、これは難題だ。

発掘調査も後半にさしかかったある日、東大寺ミュージアムの梶谷亮治館長から、『不《ふ》空羂索神変真言経《くうけんさくじんぺんしんごんきょう》』という名前の経典をご存知ですかと尋ねられた。恥ずかしながらはじめて聞く名前だ。知らない旨返答すると、不空羂索観音の所依とする経典だから、是非読んでみたほうがよいと勧められた。経典など、般若心経くらいしか読んだことがない。そもそも、大した漢文の素養もない筆者が、そんな簡単に経典を読むことができるのだろうか。それ以前に、どこを探せば件の経典は出てくるのだろうか。

すっかり困り果てて、その日の夕刻、職場に帰ると、すぐさま史料研究室の馬場基氏を訪ね、先の経典について問い合わせたところ、大蔵経データベースの存在を教えてくださった。早速、データベースのなかから『不空羂索神変真言経』（全三〇巻）を抜粋し、読み進めていくと、実に興味深い一節をみつけた。

著白浄服臥置壇上。（『不空羂索神変真言経』巻一三）

つまり、白い浄服（浄衣か）を壇の上に置くと説くのだが、これは不空羂索観音像を奉安する際に築いた壇、すなわち基壇の上に白い衣を被せなさいと、その作法を記したわけである。ということは、基壇版築土の上層から白い繊維が出土したことと、『不空羂索神変真言経』の記載とは見事に合致するではないか。諸像を安置する須弥壇が設置されると、この白い衣を基壇上に置くことはむずかしくなる。つまり、法華堂は創建当初から不空羂索観音を安置していた可能性が高くなる。法華堂建立にまつわる謎をときあかすこと、これぞ歴史の醍醐味である。

発掘調査の成果からみて、法華堂では、経典の記述どおりの作法をもって不空羂索観音を安置したことが推測できる。ちなみに『不空羂索神変真言経』は、七世紀末から八世紀前半に活躍した南インド出身の訳経僧である菩提流志《ぼだいるし》が唐で漢訳した経典であり、東大寺法華堂の創建年代を考えると、漢訳されて日を置かずして日本へ将来されたようだ。漢訳されて間もない経典の内容にしたがい、不空羂索観音を奉じた僧侶らの様子が目に浮かぶようだ。

土木技術から歴史を復元すること

実をいうと、『不空羂索神変真言経』巻一三では、先の記述に先行して、築壇の際、牛糞を使う旨が記されている。古来インドでは牛が神聖な動物であり、その糞もまた神聖なものとして扱われていた（松長一九八五）。もしや牛糞の痕跡が判明したら、こうした作法をより詳細に復元できるのではないかと思い、職場の環境考古学研究室に相談してみたのだが、牛糞と特定するのはかなりむずかしいとのこと、分析は将来への課題となった。

やれ版築だ、礎石の据え付けだと、本書においてさまざまな土木技術について縷々述べてきたが、土木技術は、たんに技術の分析にとどまるようであると、そこから導き出される解は、一面的な側面しかとらえることができない。ここで説明を加えてきた、建物建立の目的や意義など、経典や発掘調査成果などもふくめて考察しなければ、たとえお堂のひとつであっても、そのお堂の役割を復元するといった理解に達するのは困難だ。だからこそ、歴史を復元する要素のひとつとして土木技術が必要となるし、古代土木技術史も、古代史の枠組みのなかで歴史的な意義を見出していく、こうした検討をくりかえすことによって徐々に認知されていくはずだ。そう願いつつ、筆者は古代土木技術の探訪を続けている。

薬師寺東塔を掘る

硬い版築土

二〇一四年七月、「凍れる音楽」と称えられる、国宝薬師寺東塔《やくしじとうとう》基壇の発掘調査がはじまった。奈良県奈良市、西ノ京に所在する薬師寺東塔（以下、東塔）の長い歴史ではじめての全解体修理となる保存修理事業が実施され、建物部分の解体も終わり、いよいよ基壇を発掘調査して、基壇の構造を究明しようということになったのである。発掘調査の対象部分は、基壇とその周囲全面におよび、国宝建造物を全面発掘調査することは、奈良県でも初とのこと。発掘調査は、奈良文化財研究所と奈良県立橿原考古学研究所との合同で実施することとなり、筆者が奈良文化財研究所側の調査担当者として従事することになり、足かけ二年間にまたがる長い発掘調査が幕を開けたのだった。

発掘前の基壇は、明治期の修理時に新造された花崗岩切石《かこうがんきりいし》の基壇外装で覆われていたが、

図55　薬師寺東塔基壇

まずはその基壇外装を撤去するところからはじめた。撤去が進み、発掘前の基壇外装の裏込《うらごめ》を外すと、ほどなくして創建時と推定される版築層が眼前に広がりはじめた（図55）。それを丁寧に清掃し、版築の層理面に線を引き、版築層の重なり合いを図面・写真の双方で記録していく。線を引きながら、版築の一層がとても細かく、丁寧な仕事であることに気づくのに、そう時間はかからなかった。さらに、版築層がとても硬い。とくに基壇の上半分の硬さは驚くほどだった。以前、東大寺法華堂の発掘調査に参加したとき、基壇の版築がとても硬いことに驚愕したことがある。くしくも、高松塚《たかまつづか》古墳の石室《せきしつ》解体にともなう発掘調査に従事していた作業員さんたちが、法華堂の調査にも参加されていたため、法華堂の版築の硬さは、高松塚古墳の墳丘の版築と比べていかがですかと聞いたところ、みな異口同音に法華堂の方が硬いと口をそろえていた。東塔は、その法華堂の版築よりさらに硬いのだから、まさに驚嘆すべき硬度を誇る版築である。

礎石の設置方法

東塔の礎石は、基壇の上面から穴を深く掘って、そこに版築しながら礎石を据え付けた（図56）。ということは、いったん完成した基壇を再度部分的に掘り起し、そこへ礎石を設置してから、再度版築をおこなって埋め戻す、相当に手間暇かけた方法をとっていた。心柱《しんばしら》が乗る礎石は心礎《しんそ》とよぶが、この心礎だけは、基壇の版築をおこなっている途中で設置している。そのほかの東塔の柱を支える礎石は、すべてできあがった基壇版築をわざわざ掘り返して設置したのだ。

今も述べたように、礎石は、建物の荷重を受ける要となり、さらに基壇全体がそれを支える構造となっている。なにせ、瓦葺きの建物は重い。塔などは、全重量の八割程度が瓦の重さである。総重量四〇〇トンを軽く超える東塔を支える基壇、硬く突き固めるのは、ある意味当然の帰結であろう。

基壇構造に対する疑問

しかし、発掘調査を進めていく過程で、筆者にはどうしても解せない点があった。先に述べた、基壇の上半分の版築がなぜ硬いのかという点だ。礎石よりも下の版築を硬く突き固めれば、強固な土台が礎石を介して塔の荷

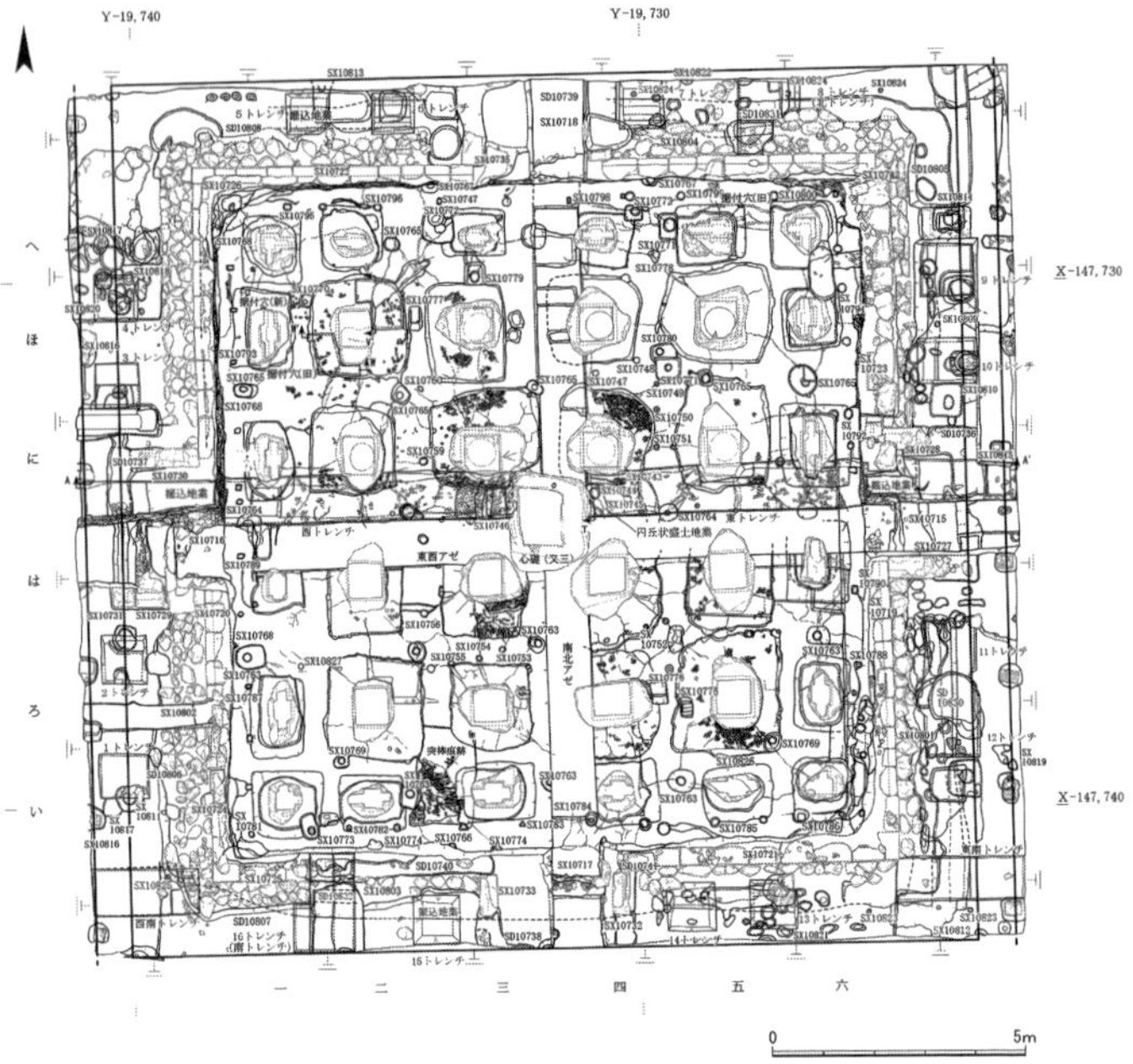

図56　薬師寺東塔基壇平面図

中央に心礎、その周りに礎石が規則的に並ぶ。礎石周囲の方形の範囲が礎石据付穴（壺地業）

重をしっかり支え、構造的にはいっそう安定するのは自明である。にもかかわらず、礎石から伝わる塔の荷重を支える部分でない基壇の上半をとても硬くするとは、いったいどういった理由があるのか。どうみても合理性を欠くとしか思えない基壇の状態に対する疑問は、しばらく氷解しないまま筆者の脳裏に残ることになった。

沈下の原因

調査も後半にさしかかり、心礎や礎石の構造をより詳細に確認するため、基壇の版築を部分的に掘り下げていくことになった。というのも、東塔が解体修理をするにいたった理由のひとつが、西側の柱が沈んでいる点であり、沈下した原因の解明が発掘調査に課せられていたのだ。発掘調査をはじめてすぐに、礎石が基壇にめり込むように沈んでいる状況が確認されていた。とくに建物の西側がなぜこれほど沈下したのか、その原因を突き止めることができるのだろうか。

西側の柱が沈んでいた理由は、基壇を掘り下げたことであきらかになった。実は、東塔の基壇の下には、古代の地盤改良技術の一種である掘込地業が設けられており、この掘込地業の内部、とくに西側を中心に水の挙動が認められた。つまり、掘込地業の内部で流水があったのである。掘込地業を埋めていた土砂が、この水の挙動によって部分的に流されたことで空洞が生じ、そこへ上部の基壇土とその上に設置された礎石が沈み込んだ、これが西側に沈み込んでいた主因だった。

そこで、先に呈した疑問がいっそう強まる。掘込地業には流水が認められるほど、東塔の地下では、水が湧く湿潤な環境に置かれている。ならば、この湿潤な地盤に堪えられる基壇、とくに基壇の下部を強固につくることこそ必須と考えられるのに、なぜ基壇の上半ばかり堅牢に仕上げたのだろうか。

考え抜かれた掘込地業の構造

まず、掘込地業の内部を調査すると、興味深い事実が浮かび上がってきた。掘込地業を埋めた土は、シルトばかりだろうと思っていたのだが、実際はシルトと砂を交互に積み重ねていたのだった。つまり、シルトは粒径が細かく、水を通しにくいため、シルトの上で水がたまりやすくなる。そう、本書前半でとりあげた城の山古墳とまったく同じ理由で、水をうまく抜くためにシルトの間に砂を意図的に挟み込み、そこから掘込地業内の水を外へ流すという仕組みになっていたのだ（四四頁）。掘込地業の内部にたまった水を外部へ排水する施設は、発掘調査ではっきりとはわからなかったが、おそらく基壇の南東隅付近に排水溝があるのではないかと筆者は想定している。

掘込地業内の排水計画および技術については、発掘調査によってその合理的な内容があきらかになってきた。しかし掘込地業の構造は、基壇下半と上半とで硬軟が逆転している理由とはならない。これでは依然として謎のままだ。

心礎下の「土饅頭」

二〇一五年三月のある日のこと、心礎の周辺を掘り下げていると、心礎の下から周囲の版築土とは色も硬さも異なる土が姿を現した。土を追いかけてみると、この土の正体は、赤茶けた砂質土を丁寧に突き固めた土饅頭状の構造物であった（図57）。実は、一月に地下探査をおこない、その結果、心礎の下に、もうひとつ石があるのではないかと思われる強い反応があるとの指摘をいただいていたので、「何か出てくるだろう」と、ある程度の心の準備はできていた。ただ、石と思われた反応は、強く突き固めた土饅頭状の地業とは、さすがに予想していなかったが。

図57　薬師寺東塔心礎（奥）と心礎を支える円丘状盛土地業（下）

しかし、この「土饅頭」、考古学的には「円丘状盛土《えんきゅうじょうもりど》地業《じぎょう》」とよぶのだが、よく考えてみると、比較的軟質な基壇下部の版築層と同じ標高につくられている。つまり、円丘状盛土地業は、周辺の版築と比べて非常に硬く締まっていることになる。その上には推定七トン前後あると思われる心礎、さらにその上に心柱が乗っている。しかし、心柱と心礎とをあわせても、せいぜい一〇トン程度の重量に過ぎない。塔全体の重さは、四〇〇トンを優に超えると先程も書いた。塔全体の重量に比べたら、心礎と心柱など、どうということのない重さだ。さらに、心柱は、塔の構造と直接干渉しない。はっきりといえば、心柱がなくとも塔は立つのである。塔の構造と取り合わない心柱を支えるだけなのに、なにゆえこれほど丁寧に突き固めた円丘状盛土地業を、わざわざつくる必要があるのだろうか。

塔の起源

そうなると心柱とはなにか、その意味を考えねばなるまい。心柱の起源は、インドのストゥーパにまでさかのぼる。ストゥーパといえば、世界文化遺産として名高いサーンチーのストゥーパ（紀元前三世紀）が著名だろう。伏せたお椀のかたちをした、石貼りの仏塔である。塔にはメーディーとよばれる基壇が設けられ、その上にアンダというお椀を逆さにしたような塔身部が乗る。外側からは見えないのだが、実はこのメーディーとアンダの内部に、ユーパという柱が塔の中心部を貫いている。ユーパは、天と地とをつなぐ重要な柱である（武澤二〇一四）。そして、ユーパの下には、仏舎利《ぶっしゃり》を納める。仏舎利、つまり釈尊（お釈迦様）の遺骨である。そう、そもそも仏塔は、仏舎利を納めるための聖なる施設であり、ユーパ、すなわち心柱は、舎利を納める中心を象徴する、いわば釈尊を体現したきわめて重要な構造物なのだ。

その後、中国へ仏教がもたらされ、ストゥーパは中国の木造の楼閣と合体し、木造の塔へと変貌する。それが朝鮮半島から日本列島へと伝わり、日本の寺院に木造の塔がつくられるようになる。塔は、こうした変化をとげつつも、ユーパの重要性をきちんと保持しつつ、木造塔のなかに組み込んでいたのだ。薬師寺東塔の心礎下部にこれだけ丁寧な土饅頭を築いたのは、塔の中における心柱の構造上の問題ではなく、仏教の施設として心柱が象徴的かつ重要な存在であり、その重要さがゆえに、心をこめて丁寧につくった、それが「土饅頭」の正体ではなかろうか。

合理性を超越する信仰

塔は、仏舎利をおさめる施設とすでに述べた。さらに、東塔の初層には、もともと釈尊の八種の相（釈迦八相）のうち、四相が塑像《そぞう》によって表現されており、残る四相は、東塔と対になってつくられた西塔に納められていた。この四相の塑像は、痛みが激しくなったことから、江戸時代の初期に撤去されたが、今でも塑像の芯に使われた心木《しんぎ》が薬師寺に残されている。こうしたことから、東塔の初層は、釈尊を奉安する聖なる空間といえる。つまり、釈尊の遺骨をおさめるだけでなく、釈尊がこの世に出現して示された相を立体化した空間、端的にいうと、東塔は釈尊を体現した構造物だった。

加えて、『涅槃経《ねはんぎょう》』では、釈尊とプラティエーカ＝ブッダ（自分のためだけに真理を悟った者）とシュラーヴァカ（出家修行者）と転輪聖王（全世界を支配する帝王）とのためにはストゥーパを建てるべきであり、それをみて信者たちが信心をおこし、死後、天上界に生まれると説く（渡辺一九七四、一八九頁）。塔は、まさしく信仰心の結晶ともいうべき施設なのだ。こうした観点で、先の基壇版築の上半分が、非常に硬く締まっていたことを理解してみると、舎利を奉安し、釈迦八相を示す聖なる空間として、塔本体に近づくほど強固な基壇としたのではないか、このような推定が導かれる。先にふれた東大寺法華堂の基壇上層の版築が硬かったことも、本尊をはじめとする聖なる空間をしつらえるため、最大限の丁寧さで基壇をつくりあげた結果ではなかろうか。

そう、これは建築の合理性云々ではなく、信仰そのものなのだ。常に合理性であるとか、構造面であるとか、対象物が常に「計算され尽した」ことばかりを議論の全面に押し出すのが、われわれ研究者の性分である。しかし、東塔のような例を目の前にし、合理性やら構造面などで説明できない場合、いかに理解すべきか。土木技術を単に合理性の枠にはめ込んで理解するだけでは、どういった目的でこの技術を採用したのか、というより根源的な理由を説明することはできない。東塔の発掘調査成果は、われわれにこうした問いを投げかけてくる。

考古学は、信仰というこの目でみえないもの、こうした事柄を証明するための手続きをことのほか苦手とする。なにせ、信仰というものは物的証拠として残りにくい、あるいは残らないためだ。しかし、今回東塔の発掘調査を担当して、随所に認められた痕跡について、信仰の所産と結論づけた。考古学的に信仰を考えるための、何かしらかの手がかりとなることを願って、筆者が悪戦苦闘した思考過程を、あえて文字化した次第である。

東塔は、常に理に叶っているか否かで評価してしまう危うさを、われわれに問うてくる。多くの啓示を与えてくれる国宝中の国宝、といっても過言ではない。

土木技術の変容——合理化の時代へ——

国分寺の造塔

天平一三年（七四一）二月一四日、聖武《しょうむ》天皇は、恭仁宮《くにきゅう》において国分寺《こくぶんじ》建立《こんりゅう》の詔《みことのり》を発した。近年の研究では、前年九月に勃発した藤原《ふじわらの》広嗣《ひろつぐ》の乱などの政情不安、加えて流行する疫病の沈静化を『金光明最勝王経《こんこうみょうさいしょうおうきょう》』にもとめた、さらには光明皇后らの意向が強く働いたことなど、いくつかの要素が国分寺建立の詔を発する動機となったようだ。おそらく、各国に天皇の意向で巨大な寺院を設置し、仏教による社会の復興を目指すと同時に、仏教の思想によって天皇の権力をいっそう揺るぎないものとしたかったのだろう。

さて、詔によると国分寺は、各国に僧寺《そうじ》・尼寺《にじ》の二寺をそれぞれ設置することとし、なかでも僧寺には七重塔一基を造営せよと命じている。

宜しく天下の諸国をして各七重塔一区を敬ひ造らしめ、幷に金光明最勝王経、妙法蓮華経各一部を写さしむべし。（中略）その造塔の寺は兼ねて国の華なり。

【現代語訳】そこで全国に命じ、各国分寺に七重塔一基を造営し、あわせて金光明最勝王経、妙法蓮華経各一部を写経させよう。（中略）こうした七重塔をつくる寺は、その国の精華である。

と、詔にも記された七重塔の建立である。ただ、塔の造営について少し考えてみれば、当時、七重塔などという巨大な建築物をたてたことがない地域のほうが圧倒的に多かったはずだ。それを突如として造営せよというのだから、造営する側からみればまさに青天の霹靂であったにちがいない。では、どのような方策を講じて国分寺の塔は造営されたのか。残された塔の基壇から考えてみることにしよう。

武蔵国分寺の塔基壇

全国の国分寺のなかでも最大規模を誇る東京都国分寺市武蔵《むさし》国分寺には、塔跡一・二という二基の塔基壇が残されている。ということは、どこかのタイミングで塔が建て替えられたはずだが、では塔跡一・二のいずれが創建時の塔だろうか。

発掘調査成果によると、塔跡二が九世紀中頃の造営と推定できるため、塔跡一こそが創建時の塔と考えられる。承和一二年（八四五）に創建時の塔が火災で焼失し、壬生吉志福《みぶのきしふく》

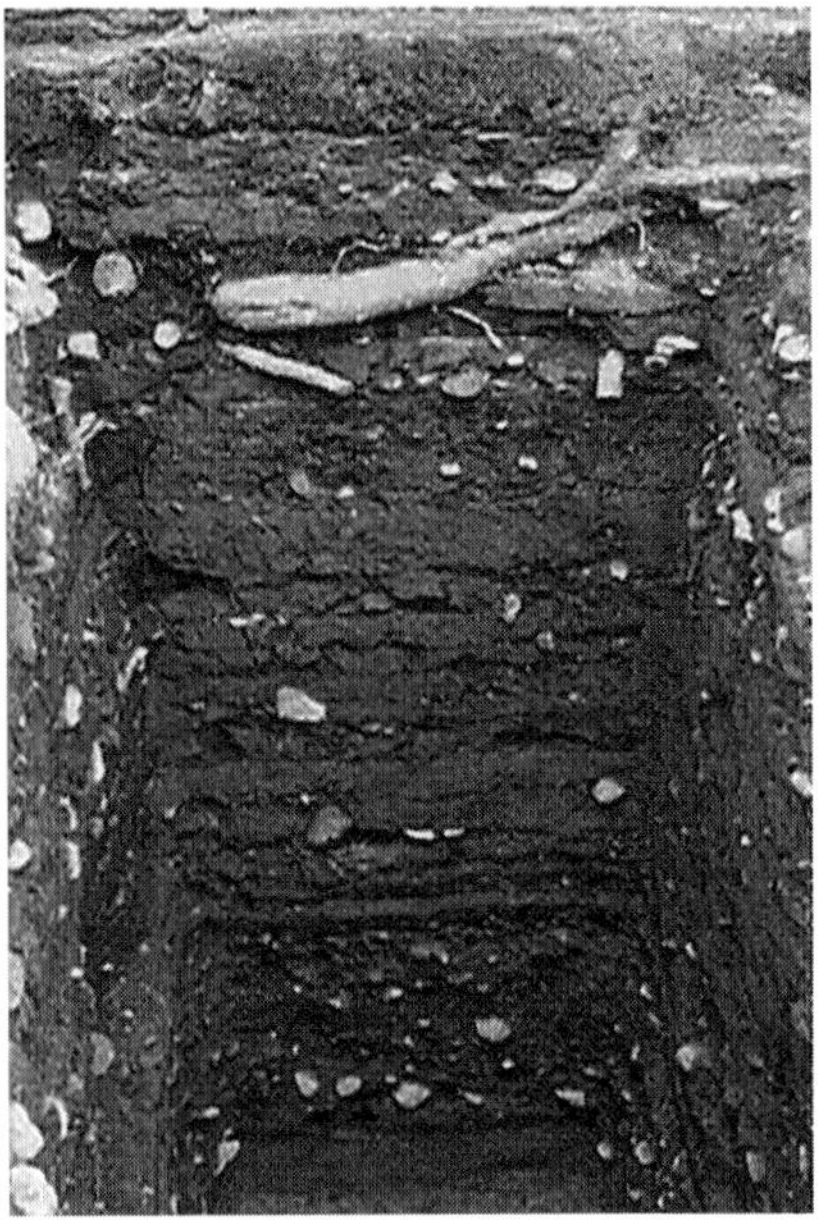

図58　武蔵国分寺塔跡１の基壇の断面にみられる礫

正《しょう》が再建を願い出て許されたとの記事が『続日本後紀』にあるので、塔跡二は壬生吉志福正による再建塔とするのが妥当であろう。

さて、塔跡一・二は、基壇の構築技術がそれぞれ異なっていた。すなわち、塔跡一では土に礫が数多く突きこまれる一方、塔跡二では基壇の構築に礫がまったく使われていない（図58）。ただ、いずれの塔にも掘込地業（総地業）が設けられていた点が共通する。なお、塔跡一に使われていた礫の多くは、掘込地業に集中し、地盤改良部分へ意識的に礫を多用したことがうかがえる。

塔基壇に礫を多用する、これはすでに述べたとおり、北朝から新羅へ伝わった基壇構築技術とよく似ている。そしてこの礫を多用する基壇構築技術は、七世紀後半、新羅から日本列島へと将来された可能性が高いこともあわせて指摘した。ということは、この技術が武蔵国分寺の創建塔に採用されていた可能性があるのだ。

武蔵国の南に位置する相模《さがみ》国の国分寺は、神奈川県海老名《えびな》市に所在する。相模国分寺の塔でも、基壇土の中に礫を相当数突き込んでいることが発掘調査で確かめられている（図59）。ということは、礫を多用する基壇構築技術は、武蔵国分寺に限定されるものではなさそうだ。

図59　相模国分寺塔基壇内（右）にみえる礫

広域で共通する塔基壇構築技術

そこで、日本各地に分布する国分寺塔基壇の発掘調査例を調べてみると、実に興味深い事実が浮上してきた。それは、肥前《ひぜん》・美作《みまさか》・但馬《たじま》・美《み》濃《の》・信濃《しなの》・上野《こうづけ》などの国分寺塔基壇でも、基壇に多量の礫を突き込むという共通点がみいだせるのだ。つまり、九州地方から関東地方にまたがる広い地域で基壇構築技術が共通する、これをいかに理解するべきか。

これだけ広い地域に共通する技術だから、技術の発信源は、特定の地域に集約できるだろう。しかし、もし仮に造営を指導する技術者や僧侶が一斉に各地へ赴き、国分寺の塔の造営を指導したと考えることは、全国に造営された国分寺の数からいってもまず無理だ。ならば、技術者を塔づくりのノウハウが蓄積された都へよび集め、そこで一斉に技術を伝習させたと考えると、広域に共通した技術で国分寺の塔基壇がつくられたことも説明がつく。

坪井清足は、国分寺塔の建立について、国分寺の塔の柱間が等間隔に配置されており、作業効率の単純化を図ったとする鈴木嘉吉氏の説をうけ、「諸国に国分寺の建設を命じたとき、技術者を都に集め、研修をおこなう。あるいは、技術者がその土地にいないときには速修教育を受けた技術者を派遣」した可能性を説く（坪井一九八五、一六八頁）。こうした視点が基壇構築技術にも当てはまるとすれば、塔の基礎づくりから建物本体の建設まで一貫して都で伝習し、その技術を各自が持ち帰り、国分寺の造塔に着手した、そのように考えられないだろうか。つまり、建築も土木もあわせて都で伝習し、各地に持ち帰った、それが国分寺造営の根幹にあったと考えたい。

さて、われわれは平城京が都だった時代を、奈良時代と一括りしてしまうが、土木技術からみた場合、その前半と後半とでは様相が大きく異なると筆者は考えている。ここからは、その理由について解説し、奈良時代後半という時代像の一端に迫ってみよう。

平城宮第二次大極殿の基壇

現在、平城宮跡では立派な大極殿が復元されているが、これは平城遷都当初の大極殿（第一次大極殿）で、その後聖武天皇が天平一二年（七四〇）に発した詔により、平城京から山背《やましろ》国相良郡（京都府木津川市）へ遷都した。都の名は恭仁京、大極殿は、平城宮第一次大極殿を移築したと考えられている。ここでとりあげる第二次大極殿は、ふたたび平城京へ都を戻したのち（平城還都）、ほどなくして第一次大極殿の東、内裏正殿を解体して新造した大極殿のことである。その造営時期は、天平一八・一九年（七四六・七四七）頃と推定される。

さて第二次大極殿の基壇は、まず下半に暗褐色粘質土、上半に明黄褐色粘質土を用いて厚さ一《メートル》ほど版築して土壇をつくるところからはじまる。版築一層の厚さは、二〜一〇《センチ》。次に、この土壇上面の礎石据え付け位置に、硬く締まった粘質土を用いて高さ五〇〜五五《センチ》の円丘状盛土地業を設ける。さらに土壇を拡幅するように周囲を版築するが、ここの一層の厚さは三〜二〇《センチ》と、先の土壇より厚い。さらに上面を厚さ四〇《センチ》弱、さらに最上面

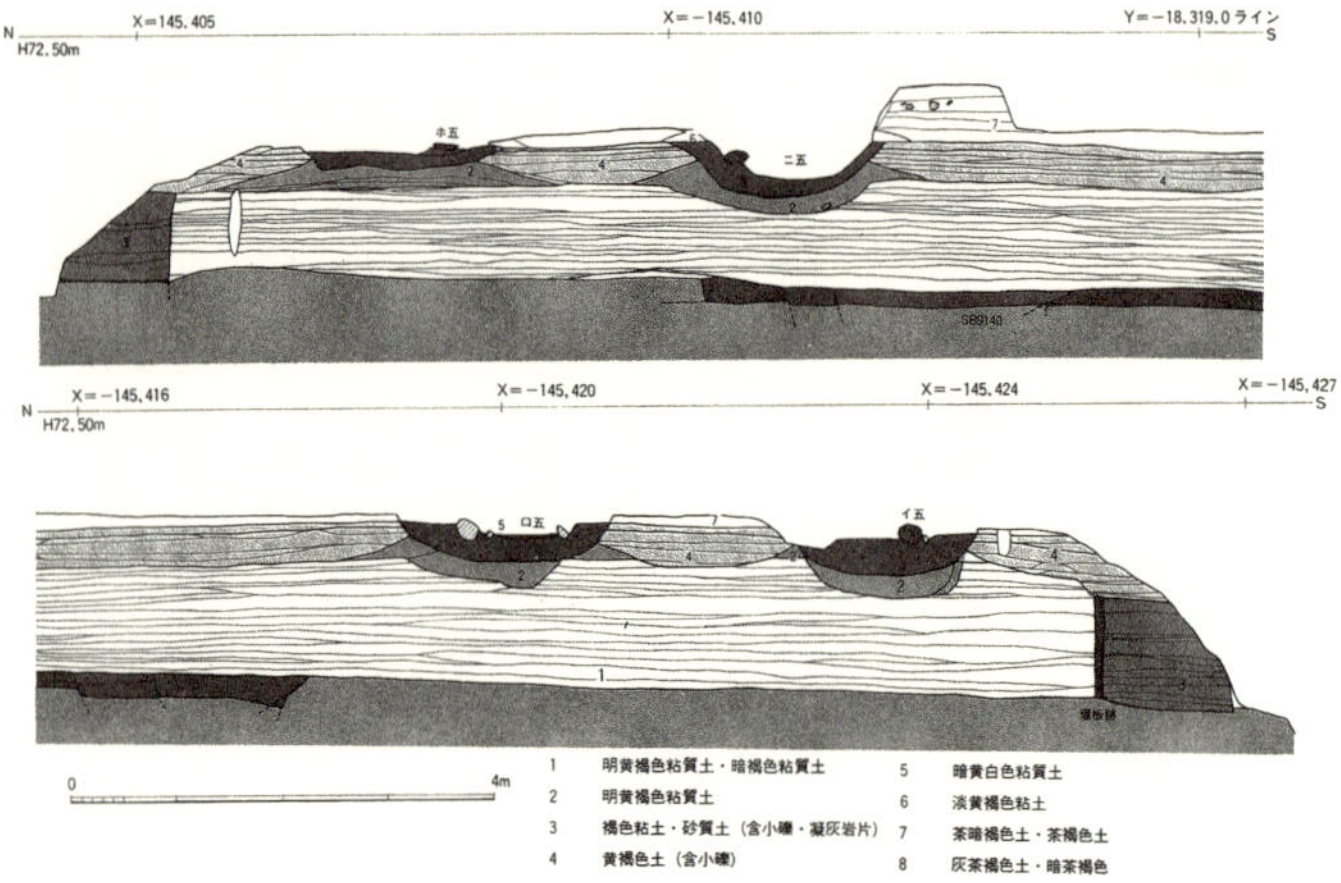

図60　平城宮第二次大極殿の基壇断面図

を厚さ五センチほど版築し、礎石を据える穴を掘削し、礎石を設置する。礎石の周囲には粘土を盛り上げて礎石を安定させ、全体を版築する（奈良国立文化財研究所一九九三）。以上が基壇の中心部分の構築方法だが、異なる性状の土を重ねて版築することがお分かりいただけるかと思う（図60）。これによって、まぎれもなく南朝・百済系統の版築技術を採用したことが明白だ。飛鳥寺から百数十年続く、いわば伝統的な技術によって宮殿の中枢部の殿舎がつくられたことを物語っている。

　もう一点注意しておきたいのは、心礎の下に薬師寺東塔でも検出した「土饅頭」、すなわち円丘状盛土地業の存在だ。これは、大極殿の礎石をしっかりと安定させるための工夫とみて大過ない。加えて、礎石より下の版築が比較的薄く突き固められている点を加味すると、建物の荷重をいかに強固に受け止めるかという、基壇づくりで構造を重視した技術的な工夫をこらしたことがうかがえる。

なお、ここで紹介した平城宮第二次大極殿の基壇の断面は、現在平城宮跡内にある遺構展示館においてパネル形式で展示されている。当時の土木技術の粋を集めてつくられた基壇である。平城宮を訪れた折には、是非とも遺構展示館まで足を運んでいただき、第二次大極殿の基壇断面のはぎ取りパネルをご覧いただければと思う。

長岡宮小安殿の基壇

平城京から長岡京へ遷都したのは延暦三年（七八四）のこと、遷都に反対する勢力が少なからず存在したことなども影響したのだろう、長岡宮の殿舎には難波宮から移築されたものが多かったようだ（山中一九九七）。

さて、京都府向日《むこう》市に所在する長岡宮の中枢殿舎である大極殿には、その背後に小安殿《こあどの》（後殿）が取り付く。二〇一二年夏、向日市埋蔵文化財センターによる小安殿の発掘調査が実施され、詳細な発掘調査報告書が刊行されている（中島二〇一三）。報告書の記載ならびに筆者が発掘調査現場を拝見させていただいた際の所見を総合すると、礎石や基壇の上部はすでに失われているが、基壇を構築したのち、礎石を据え付ける位置を不整円形に掘り下げ、厚さ七〇チセン以上礫と土とを交互に積み重ねてから礎石を据え付けたようである。報告書では、礎石まわりの掘り下げた部分を礎石据付穴と記載するが、礎石よりも下を数

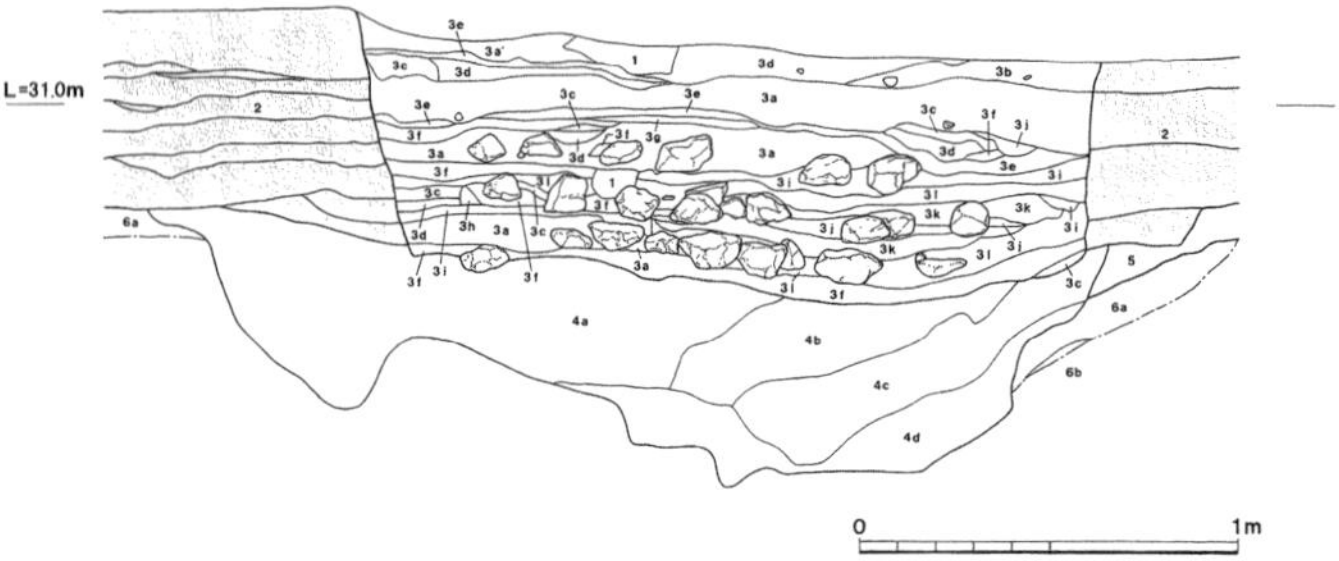

1 濁赤褐色土〔第７次調査埋め戻し土〕 2 長岡京期整地層 3 大極殿後殿ＳＢ49000-Ｐ１埋土〔3a 暗赤褐色粘質土 3a′ 暗赤褐色礫混じり粘質土 3b 灰色砂混じり暗赤褐色粘質土 3c 赤褐色粘質土 3d 赤灰色粘質土 3e 明赤褐色粘質土 3f 灰褐色粘質土 3g 暗褐色粘質土 3h 黄褐色粘質土 3i 暗灰褐色粘質土 3j 暗赤灰色粘質土 3k 暗黄褐色粘質土 3l 黄褐色ブロック混じり赤灰褐色粘質土〕
4 落ち込みＳＸ49003埋土〔4a 暗灰色粘質土 4b 黄褐色ブロック混じり赤褐色粘質土 4c 黒褐～暗褐色粘質土 4d 黄褐色ブロック混じり淡褐色粘質土〕
5 暗灰～暗褐色粘質土 6 段丘層〔6a 赤褐色粘質土 6b 黄褐～黄白色粘質土〕

図61　長岡宮小安殿基壇の壺地業（中央上）断面図

十《チセン》も掘り下げて地盤強化を図ることから、通常の礎石据付穴とみるよりもむしろ壺地業ととらえるべきであろう（図61）。壺地業の内部を礫と土とを重ねて強化する技術は、武蔵国分寺金堂などにも類例があり、奈良時代後半以降、主要な瓦葺建物に採用されていったようだ（国分寺市遺跡調査会・国分寺市教育委員会二〇一一）。

ここで強調したいのは、礫と土とを積み重ねる壺地業を礎石よりも下部に設けた点だ。礫および土を交互に用いる方法は、すでに紹介したように北朝・新羅系統の技術の特徴であり、日本列島へ伝わってから一世紀を経て、ついに宮殿造営にも採用されたのであった。もう一点重要なことは、礎石の下を集中的に地盤改良する壺地業を採用したこと、加えて礎石の下を礫なども敷いて重点的に強化した点だ。先の薬師寺東塔の例を思い出してほしい。薬師寺東塔でも壺地業が用いられていたが、決定的にちがうのは東塔の場合礎石の周囲、つまり礎石の下をしっかり地盤強化するのではなく、おそらく信仰上の理由で基壇上面付近を強固に仕上げていた点だ。これに対して長岡宮小安殿は、あきらかに礎石を安定的かつ強固に設置する目的で壺地業を用いるという、まず構造面を重視したつくりである。この点において長岡宮小安殿は、先行する平城宮第二次大極殿とも基壇づくりの「思想」が共通していたといえよう。

平安宮豊楽殿の基壇

現在、平安宮豊楽殿《ぶらくでん》を発掘調査しているので見学しませんか、と京都市の家原圭太氏からお誘いを受け、筆者が発掘調査現場を訪れたのは、二〇一五年の一一月、見学後に現場の近所で食べたトンカツが実にうまかったことを思い出す。

さて、平安宮で国家の饗宴の場として整備された施設が豊楽院《ぶらくいん》であり、その正殿として造営されたのが豊楽殿である。ここではその際の発掘調査成果を紐解きつつ、基壇の構造的特徴を整理してみよう（京都市文化財保護課二〇一五）。

豊楽殿では、長岡宮小安殿にも認められる壺地業が掘り込まれており、建物荷重を受け止めるための地盤改良だが、壺地業には直径三五～四五チセンの礫が並べられている。さらに壺地業の上には、礫混じりの硬質な版築土による円丘、すなわち円丘状盛土地業を構築し、その後周囲を版築して（版築Ⅰ）、さらに上部へ版築をおこなってから（版築Ⅱ）礎石を設置したと推定される。なお、壺地業や円丘状盛土地業では、非常に硬質な版築土と報告されており、かつ周囲の版築土すなわち版築Ⅰは一層の厚さが二〜五センチと非常に細かく版築する。対して、これらの上にくる版築Ⅱは、一層の厚さが六〜一〇センチと版築Ⅰに比べて厚くなる。

以上の調査所見から、平安宮豊楽殿は礫を多用しながら、強固な地盤を獲得しようとする基壇下半部のつくりかたを採用したことが明白だ。とくに、礎石の下に相当する場所は、とても入念なつくりであり、建物の荷重を受け止める位置を意識的に強固につくりあげようとする意図が、はっきりうかがえる。

基壇下部に礫を多用する、これは平安宮豊楽殿だけでなく、長岡宮小安殿、さらには国分寺の塔基壇にも共通する。これらの類例の中では、八世紀中頃から後半に造営された国分寺の塔が最も古い。ということは、少なくとも奈良時代中頃以降、礫を多用しなおかつ基壇の下半を頑丈に仕上げる構築技術が、宮殿や寺院に採用されたと理解してよいだろう。また、大ぶりの礫は認められないものの、平城宮第二次大極殿では、円丘状盛土地業を採用した。これはその後の平安宮豊楽殿と共通するつくりである。つまり基壇の下半、とくに礎石の下部を強固にしようとする構造面を重視した基壇づくりは、平城宮第二次大極殿から長岡宮小安殿、そして平安宮豊楽殿へと引き継がれていった。

信仰重視から合理性重視へ

薬師寺東塔の発掘調査を先に紹介したが、そこでもふれたとおり、薬師寺東塔にも壺地業が存在する。しかし東塔の壺地業は、礎石の下部よりもむしろ基壇上半の礎石の荷重を直接的に受け止めることのない位置を強固にし、ここでの例とは正反対だ。東塔では、釈尊を奉安する聖なる空間である初重を意識した丁寧な基壇のつくり、つまり信仰に根差した基壇のつくりかたとも言い換えることができる。

ところが、ここでとりあげた宮殿の例は、いずれも上部荷重などを十分に考慮した構造的に理に叶った基壇だ。信仰上の理由を前面に押し出すのでなく、あくまで冷静に構造上最適な基壇にしようとする、合理的な基壇のつくりである。奈良時代中頃以降、宮殿や寺院の造営に際して、基壇は構造的に合理性がともなうつくりかたへ改められる。仏教寺院という宗教施設が主であった瓦葺きの礎石建物、それが藤原宮以降宮殿の主要殿舎にも採用され、信仰が念頭にあった基壇構築技術が信仰から徐々に距離をとり、最終的には合理性の集合体へと変容していった過程がかいまみえる。

平城宮第二次大極殿で円丘状盛土地業を採用し、長岡宮小安殿では壺地業と大ぶりの礫を用いる。そして、平安宮豊楽殿ではこれらの要素を総合化し、基壇をより強固なつくりにしようと進化していく。宮殿で数多くの瓦葺き礎石建物を造営するのだから、基壇づくりが構造面で合理性を指向するのは、むしろ当然の帰結だったのだろう。

さて、合理性という観点から奈良時代後半の建物をとらえると、興味深い例がいくつもある。

合理化する世の中

石橋茂登氏によると、建物の不同沈下を防ぐため柱掘方の底面に礎盤《そばん》を置く例や、柱の周りに石や瓦などを置く例、なかには柱に粘土を巻く例もあるという（石橋二〇〇二）。こうした工夫（根固めとよぶ）も、粘土質の軟弱地盤に建物をつくるのが目的のひとつにちがいない。もちろん建物荷重が大きい、あるいは荷重が均一でない建物など、ほかにもこうした構造的な工夫をしなければならない理由があったようだ。実際、平城宮で根固めをおこなった建物の多くは、地盤が軟質なシルトや粘りが強い土壌に分布する。

掘立柱はその構造上、柱の下端を地面に埋めておけば、あとは柱のてっぺんを切りそろえればよい。つまり柱の長さは、バラバラであっても上で揃っていれば問題ない。実際、掘立柱の底の標高は一定しない例が多い。発見時、弥生時代の神殿ではないかとさかんに報道された大阪府和泉市《いずみ》・泉大津市《いずみおおつ》池上曽根《いけがみそね》遺跡の大型建物では、それぞれの柱穴底で八〇センチもの標高差がある。深さが一定しない傾向はその後も長く続き、筆者が奈良県高市《たかいち》郡明日香《あすか》村石神《いしがみ》遺跡（飛鳥時代）の発掘調査を担当した際にも、同じ建物でもすぐ前に掘った柱穴は、深さ数十チセン《チセン》まで残っていた。にもかかわらず、隣接する柱穴は、深さがわずか一〇チセン《チセン》強しかなかった、という状況を何度も経験した。

ところがその後、掘立柱建物でも柱掘方の底の標高がきれいに揃う例が出現する。平城宮東院の建物SB一八一〇〇やSB五八八〇、SB九〇七五（SBとは、建物の遺構記号）などがその代表例で、いずれも奈良時代後半と考えられる。長さを揃えなくてもよい柱をあえて揃えたのはなぜか。石橋氏は、それを礎石建物の普及にともなって柱の長さを一定に揃える建築技術が一般的になったためと考えた。補足すると、用材の長さが礎石建物の仕様で規格化され、そうした材木を掘立柱建物にも使った、とも解釈できる。この解釈を是とすれば、それまでの伝統的な掘立柱建築にも瓦葺きの礎石建物、つまり中国風の建築技術と思想とが徐々に浸透してきた奈良時代後半、建築技術が礎石建物にならって変貌しつつあった、と理解できるだろう。礎石建物とおなじ要領で加工された柱を掘立柱建物にも使用することは、すなわち建物構造を問わず共通した用材とすることで、建築工事の合理化を図った結果ではなかろうか。

ここで建物から目を転じて、役人の給食用の食器と考えられる平城宮出土の土器群をみてみよう。奈良時代前半まで傘型で分厚かった須恵器《すえき》の杯蓋が、後半になると扁平かつ厚みが均一かつ薄くなる。さらに、土師器《はじき》杯類などの調整技術に削りが多用され、なおかつ暗文とよばれる光沢を表現する文様が消失するのも奈良時代後半のことだ。つまり、土器の食器の生産量が増加し、増産に対応するための形態的・技術的な変化が背景にあったと推察される。須恵器杯蓋が扁平で軽量化すれば、今までより多くの量を一回で運搬できる。削り手法を用いることで、熟練工でない土器製作者であっても土師器食器の製作が容易になる。いずれもみな合理化の延長線上で理解が可能な技法や形態の変化だ（青木二〇一四A）。需要の拡大にともない、生産活動が活発化し、従来の方式では充足できず、生産体制や技術が大きく転回していった世の中、奈良時代後半の時代的特質がほのかに浮かび上がってくる。

信仰の存在

しかし、本章でとりあげたような、合理性に裏打ちされた基壇の上に甍をならべた宮殿建築は、今やまったく現存せず、残骸となった基壇から往時をしのぶほかない。ところが、どうみても構造面で合理的とはいえない部分もある薬師寺東塔は、今なお千三百年前の姿をとどめ、その美しい容姿を目の当たりにした人々が讃嘆の声をあげている。理に叶った構造物だけが命脈を保つわけではない。背後に合理性以外の「なにか」がなければ、悠久の時を超えて残ることは難しい。その「なにか」のひとつとして、薬師寺東塔には信仰の存在があった、と本書では考えた（二二二頁）。

芥川龍之介《あくたがわりゅうのすけ》最晩年の代表作『河童』に出てくる長老は、「我々の運命を定めるものは信仰と境遇と偶然とだけです」と嘆息まじりにいう。新約聖書におさめられた著名な書簡である「コリント人への第一の手紙」第一三章では、いつまでも残るもの、つまり永遠不変の存在として、信仰・希望・愛をあげる。もっとも、この三つのうち、最も偉大なのは愛である、と続くけれども。

ともかく、人間の運命を定めてしまうほど大きく、そして普遍的な存在、それが信仰である。だからこそ、信仰のチカラがわれわれ民衆に働きかけ、それが信仰対象を守る原動力となってきた。無論、信仰は可視化できない。しかし信仰の存在を抜きにして、薬師寺東塔をはじめとする古代の建造物が、千年数百年もの星霜をくぐり抜け、現在にその姿を伝える理由を語ることはできない。

本章において、土木技術という目にみえる存在から、信仰というみえない存在を多少なりとも考察できたならば、従来にない新たな視座から古代史を照射したいという筆者の願いは、ひとまず達成されたことになる。

土木技術からみた日本古代史——エピローグ

土木技術と政治

王の治世と土木技術

それでは、ここまで本書で述べてきたこと、すなわち土木技術の分析からみえてきたとくに重要な論点、すなわち「政治」と「外交」、このふたつのキーワードを掲げ、それぞれについて縷々述べてきた筆者の見解を以下に整理し、本書のまとめとしたい。

琉球の第二尚氏王朝第三代の尚真王《しょうしんおう》（在位一四七七―一五二六年）は、中国の宮廷文化を導入しただけでなく、首里《しゅり》に按司《あじ》を集居させるなどの地方統治策を打ち出し、大阿母《おおあむ》やノロの設置など、神女組織の編成をはじめとする祭祀の組織化といった政治・祭祀両面から琉球王国の繁栄をもたらした偉大な王としてつとに知られる（高良一九九三）。そして、尚真王の治世で忘れてならないのは、大規模な造営事業の数々である。首里城《しゅりじょう》正殿の改装、円覚寺《えんかくじ》の造営、御嶽《うたき》における石造拝殿の設置、さらには玉御殿《たまうどうん》（王家の墓）や軍用道路（真珠道《まだまみち》）の造営など、王朝を代表する土木事業を数多く手がけた。その功績を讃えた石碑が数多く残されていることからもあきらかなとおり、尚真王は大型の土木事業により国王の権威を高めていくことに成功した。と同時に、祭政両面の充実を図るためには、土木技術が不可欠だったことを尚真王の例が物語っている。その最たる例は、秦《しん》の始皇帝《しこうてい》であろう。始皇帝陵・万里《ばんり》の長城《ちょうじょう》・霊渠《れいきょ》・阿房宮《あぼうきゅう》など、その強大な権力を源泉として政治・軍事・経済など各分野を掌握するため、空前ともいえる規模の土木事業をすすめたことは広く知られている。では、本書で紹介してきた古代の日本において、大王や各地の有力者がおこなったと考えられる土木事業は、どのような歴史的な位置づけを与えるべきか。

古墳時代前期の政治と社会

前期古墳における墳丘構築技術は、列島の東西で大きく異なっていた。これは、背景に弥生時代から続く列島の東西における社会や文化のちがいがそのまま反映した結果と理解した。つまり、土木技術の差異が、社会や文化のちがいをあらわす場合があると考えたわけである。前方後円墳が築造されるようになったからとはいえ、中央政権が列島各地を網の目をかぶせるように支配するのは、まだかなり先の話である。

沖積地などの低湿地にも古墳がつくられる。こうした土地に古墳をつくるには、湧水など水の挙動をいかに抑える、ないしは回避するかといった対策が欠かせない。粘質土と砂質土とをうまく使い分けることで築造された古墳として、本書では城の山古墳を一例としてあげたが、低湿地という地形的条件からは、稲作などの水田農耕とそれにともなう灌漑システムが不可欠である。こうした湿潤な土地を農地化し、灌漑用の水路などを掘削すれば、当然のこととして相当量の土が排出される。古墳築造には、こうした排土を利用することも念頭におくべきだろう。古墳築造と社会との関係性を考えるうえで、土木技術を検討することは、灌漑施設と古墳、まったく異なる性格の施設同士に接点があることを示唆し、今後さらなる検討対象として注意すべきだろう。

古墳時代中期の政治と社会

前期古墳の墳丘構築技術にあらわれた顕著な地域性は、古墳時代中期になると、一転する。東日本の古墳において、西日本的工法による墳丘づくりがはじまるのだ。ただし、該当する古墳は点的かつ単数で分布し、いったん西日本的工法が導入されたにもかかわらず、その後在地的な技術による古墳づくりへ逆戻りしてしまう。

西日本的工法は、同じ盛土技術でひな壇状に何段も重ねる、システマティックな技術である。これを見ず知らずの人間が偶然につくることは、まず不可能だ。ということは、西日本的工法を熟知した技術者が必要となるわけだが、その技術者は、西日本的工法の本場である近畿地方から派遣されて、古墳築造を指導した可能性を指摘した。技術者を派遣できる環境が整っている、つまり西日本的工法で古墳をつくる有力者とヤマト王権との間に強い政治的なつながりが介在したと考えることができる。ただし、当該有力者以後の有力者に同様な古墳づくりは継承されない。ということは、有力者個人とヤマト王権との関係は、基本的に人格的なつながりによっていた、と推定した。

古墳時代後期の政治と社会

そうした仕組みが一変するのが後期古墳である。近畿地方でまず定着したと考えられる土嚢《どのう》・土塊《どかい》積み技術を用いた古墳の例は、列島各地に分布するが、先の西日本的工法を採用した東日本の中期古墳と異なるのは、ひとつの古墳群で類例が複数認められる点だ。つまり、近畿地方の先進的な技術を古墳づくりに連続して採用するようになる。これを技術者の動向と関連づけて説明を試みるならば、技術者が古墳づくりの指導に何度も各地を訪れた可能性が示唆される。ということは、とある有力者が亡くなって後継者に交替しようとも、その地域とヤマト王権との間に醸成された政治的関係が希薄になるといった状況は、生じにくくなったはずだ。

古墳時代中期の有力者とヤマト王権との関係は、個人的かつ人格的なつながりを基調としたようだが、後期になると一変した。変化後は、有力者の世代交代がはかられたのちも、王権とのかかわりがうすれることはなくなっただろう。ヤマト王権は、各地の有力氏族に対する支配力を強めるため、組織的かつ継続的な支配関係を構築しようと改めた、その一端を土嚢・土塊積み技術を用いる古墳が複数存在する古墳群にみいだしたのである。

築堤と古墳

本書では、五世紀末以降、古墳の墳丘が高大化することを強調してきた。墳丘が高大化した理由としては、東アジア規模の葬制に対する潮流が原因と理解したが、土木技術的な背景については、敷葉《しきは》・敷粗朶《しきそだ》工法の導入を考えた。敷葉・敷粗朶工法は、築堤などに採用された強固な堤体構造とするための技術であり、その築堤技術を古墳にも応用することで、高大化した墳丘を築造できるようになった、との理解が妥当だろう。ヤマト王権の支配力が一段と強化された六世紀、こうした築堤や墳丘築造などの大規模土木事業を推進した主体は、やはりヤマト王権であったはずだ。具体的には、継体朝がすすめた政策が発端になった、と考えたい。各地の有力者層では実現が困難な巨大土木事業を可能とするには、やはりその根幹となる土木技術の存在が重要だ。こうした先進的な土木技術などを各地に供与すること、こうした施策もヤマト王権が各地に直接的支配を強める上で不可欠だったにちがいない。支配力の強化手段のひとつとして、ヤマト王権は、自らがもつ先進的な土木技術を有効に活用したのだろう。

版築技術の管掌

寺院や宮殿、古代山城などの造営に欠かせないのが版築技術だが、一概に版築といっても、日本列島の例を瞥見して、その技術系統は複数存在することを本書であきらかにしてきた。版築技術をはじめとする一部の土木技術については、南朝・百済系統の技術を採用した寺院の基壇が、飛鳥とその周辺地域に分布すること、藤原宮以降の宮殿中枢部にも採用されることなどを勘案し、官が管理していた可能性を指摘した。版築は、城壁などの軍事的な施設にも欠かせないため、これにかかわる土木技術は政体が管理すると考えるのが妥当である。

奈良時代、鋸を官司が所有していることなどをふまえ、建築技術は官が一定の技術を確保していたとする見解が提示されている（海野二〇一五）。もちろん、土木と建築とを同じ体制で論じるのは危険ではあるが、土木技術も建築に類似した官による技術の管理があったと考えたい。そうでないと、本書で強調した版築技術の諸系統とその分布について説明ができない点があるからだ。

筆者は、自然環境を人間社会へ組み込むために欠かせない要素が土木技術である、と冒頭に記した。それはすなわち、特定の人間社会を維持・発展させるために土木技術が不可欠で、それを効果的に用いることで、土木事業を主導する支配者への求心力も高まることが期待される。ということは、人間社会の発展に大きく寄与する土木技術を、支配者層以外の人間が自在に使うようになると、政治的・宗教的な求心力が支配者層へ向かなくなるおそれがある。これは、支配者層からみて決して好ましい状況ではない。奈良時代、土木事業をはじめとする各種社会事業を推進した行基《ぎょうき》（六六八―七四九）を、政権が弾圧した理由の一端がここにある。そのため政治的権力は、防衛拠点や重要な施設の造営に用いる技術、つまり、本書で紹介した版築技術を管理する必要があったと結論づけた。

土木技術と外交

百済からもたらされた技術

『日本書紀』によると、崇峻天皇元年（五八八）、密接に通交していた百済から倭国へ僧・寺工・鑪盤博士《ふはんのはかせ》・瓦博士・画工などが献上され、飛鳥寺《あすかでら》（法興寺《ほうこうじ》）の造営に着手したとある。当然、寺院の主要堂塔は瓦《かわら》葺《ぶ》き礎石建物《そせきたてもの》とするため、重たい屋根荷重に耐えうる強固な地盤が必要となる。そこで、飛鳥寺塔における地盤改良や版築の技術を検討すると、百済寺院に認められる技術と酷似することがあきらかとなった。つまりは、日本列島初の本格的仏教寺院の造営に際し、土木技術も百済の技術が採用された、ということになる。

その後、百済からもたらされた技術、すなわち南朝・百済系統の版築技術は、奥山廃寺《おくやまはいじ》・山田寺《やまだでら》・川原寺《かわらでら》など飛鳥地域の寺院、そして藤原宮造営に際して宮殿にも採用され、平城京の寺院、あるいは平城宮などへ陸続と採用されていった。いずれも天皇に関連する施設や高位の氏族の氏寺に類例が集中することから、南朝・百済系統の版築技術は、いわば古代国家が管理した土木技術であった可能性が高い。

華北から伝わった技術

先に、法隆寺若草伽藍《ほうりゅうじわかくさがらん》と百済大寺《くだらおおでら》双方の版築技術が類似することを述べた。版築のみならず、塔における心礎の位置も同時期の他の例とは異なり、基壇の上面に設置された可能性が高く、これら二つの寺院が、ほかの寺院とは異なった技術系統のもと造営されたことを暗示する。では、その技術の淵源がどこかといえば、近年盛んに用いられるようになった術語である東部ユーラシア、すなわち当時の隋唐にもとめられるとした。つまり、遣隋使《けんずいし》によって持ち帰ってきた技術によって斑鳩寺《いかるがでら》、現在の法隆寺若草伽藍が造営され、その後舒明《じょめい》天皇発願の百済大寺、現在の吉備池廃寺《きびいけはいじ》の造営に技術が引き継がれた、と考えた。

日本における類例は少ないものの、隋唐の系統とした、基本的に単一の土によって版築する技術を用いた寺院は、ともに当時の政権中枢部であった飛鳥から離れた土地に営まれた点が興味深い。寺院をつくるための土木技術は、飛鳥寺造営からしばらくすると、また別の技術が将来されることとなった。筆者は、新たな技術が伝来した契機として、遣隋使がその役割を担ったと推定した。

新羅から伝わった技術

さらに飛鳥時代後半になると、今度は新羅（統一新羅）との通交が密になり、その結果、仏教の経典などのほか、各種技術も伝わったと考えられる。薬師寺《やくしじ》に代表される双塔式伽藍《そうとうしきがらん》も新羅を代表する伽藍配置であり、こうした寺院にかかわる諸情報や技術も新羅との密接なかかわりのなかで、日本列島へ伝来したのだろう。そのなかに、礫と土とを交互に積み固めていく土木技術があったにちがいない。和田《わだ》廃寺に代表されるように七世紀後半以降、こうした技術によって堂塔の基壇がつくられた寺院の例が日本列島に認められる点は、天武朝以降における倭と新羅との密接な通交を象徴的に物語る。

その時々に、古代の日本が密なる外交関係にあった朝鮮半島や中国の諸地域からもたらされた技術が、順次日本列島に定着していった、その結果、複数の技術系統が古代の日本列島に併存し、それぞれが寺院や宮殿の造営を支える技術的な基盤となっていった。

列島各地へ拡散する版築技術

南朝・百済系統の版築技術は、性状の異なる複数の土砂を使い分けて版築するという、材料面で手間暇のかかる技術である。さらにこの技術は、王権が所管する技術である可能性が高いと本書で指摘したが、これをそのまま各地の寺院造営へ採用したかといえば、実はそうでない例が多い。具体的には、北朝・新羅系統とした土と礫とを交互に積み重ねた技術を用いた例、さら

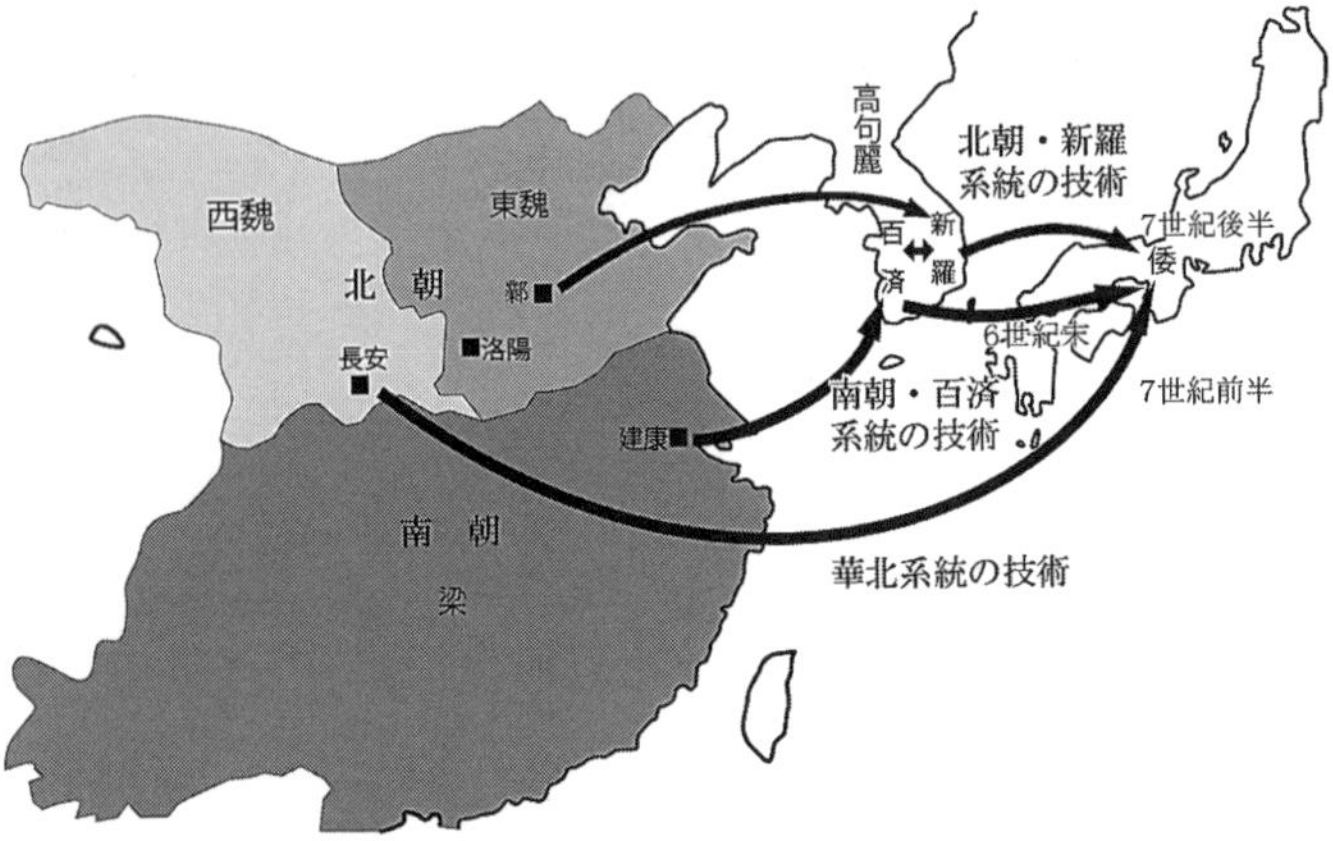

図62　東アジアにおける基壇構築技術の展開

に南朝・百済系統の版築技術の簡略版とでも形容すべき、二種類程度の土を交互に積み重ねる技術によって造営された古代寺院が各地に存在する。その多くは、七世紀後半～末に創建されたと考えられる例が多く、天武天皇の仏教政策と密接にかかわっている可能性が高い。鎮護国家の思想が高まっていくなか、天武天皇は、各地に寺院を設置することを命じ、実際に持統天皇六年（六九二）の調査によれば、各地の寺院総数は五四五に達したという（森二〇〇九）。

当時は遣唐使の中断期間、通交した相手は必然的に新羅が軸となる。天武朝の外交を語る上で欠かせない新羅の影響を強く受けた技術と、すでに滅亡していた百済からもたらされた方法を簡略化した技術、伝統的寺院の爆発的増加を支えた技術は、外交相手先から伝来した技術あるいは伝統的手法を簡略化したものが中心であった。

では、結論を述べよう。まず、中国あるいは朝鮮半島から将来された基壇構築技術は、図62のような経路で展開したと考えられるが、日本列島への導入時期、ならびに各技術の系統が展開した時期は、次のように整理できる。

六世紀末　飛鳥寺造営を契機として、南朝・百済系統の版築技術がもたらされる。

七世紀初頭〜前半　隋から隋唐系統の版築技術がもたらされるも、これを採用した寺院は少数にとどまる。

七世紀後半　南朝・百済系統の版築技術を簡略化した版築技術が創案され、各地の寺院に採用される。ほぼ時期を同じくして、新羅から北朝・新羅系統の基壇構築技術がもたらされ、こちらも各地の寺院に採用される。

八世紀中頃　北朝・新羅系統の基壇構築技術が、都の寺院や諸国の国分寺など広域で採用される。

二点目として、右の各種技術をもたらした地域は、いずれも当時の重要な通交相手だった点をあげておきたい。つまり、土木技術を詳細に分類し、その系統をあきらかにすることで、土木技術が当時の外交にまで光をあてることが可能となった。

最後に三点目として、七世紀後半以降の寺院の爆発的増加を支えた裏には、従来よりも簡略化した技術の存在があった。これは、技術の簡略化なしに寺院の増加はなかった、といいかえてもよかろう。土木技術は、当時の内政や外交を映し出す鏡にもなるのだ。

古代土木技術研究のこれから

合理性だけでは説明できない技術

薬師寺東塔の項でも述べたが、土木技術は信仰を裏づける要素にもなりうる。政治、外交に次ぐ本書第三のキーワードは、信仰である。柱から伝わる荷重を受け止める礎石、この礎石を支える下部の版築こそ強固にすべきだ。それは、いたって合理的な思考だ。ところが薬師寺東塔は、礎石より下の版築よりもむしろ礎石周囲の版築を強固に仕上げる。これは、構造的にいえば必要のない強化である。にもかかわらず、基壇の上面付近を堅固にした理由とはなにか。本書では、教祖たる釈尊を奉安するきわめて神聖な空間を、ひときわ丹念に版築した所産とみた。つまるところ、合理性などを超越した信仰の存在を抜きにして寺院は語れない。と同時に、ここに律令国家が具備するある種の「生真面目さ」を、筆者は感じ取るのだが、いかがだろうか。

信仰は、可視化できない。だから、考古資料で信仰を語ることはむずかしい。ただし、構造あるいは合理性で説明できない部分は、祭祀《さいし》や信仰に起因する場合が多い。東大寺法《とうだいじほっ》華堂《けどう》のように、経典の内容に準拠して基壇を構築した可能性が高い例も存在する。発掘調査で検出した遺構が、状況証拠的に仏堂と推定するだけでなく、将来的には基壇土の科学的な分析を通じて、安置された仏像を特定する、そのような日がやってくるかもしれない。無論、座して待つだけではなにも変わらない。もとより考古学の成果だけでは、歴史全体を復元できない。いっそう具体的な復元をおこなうには、考古学のみならず、保存科学や環境考古学、文献史学、建築史学など周辺の各領域との協業が欠かせない。例えるなら、各研究分野の成果という色の違う糸を組み合わせて、発掘調査の成果を一幅の刺繍絵として織りなすようなものだ。

古代土木技術研究の展望と課題

土木技術からみた古代史の話もいよいよ終わりが近づいてきた。擱筆にあたり、古代土木技術研究の課題と展望を述べ、まとめとしたい。

本書では、古墳の墳丘構築技術をあれこれ分類したが、分類できた古墳は、日本列島で一〇万基とも二〇万基ともいわれる古墳の総数からみればごくわずかだ。残る膨大な古墳は、いかなる技術によってつくられたのか、つまり各地域に根差した土木技術をこれから解明していかねばならない。古墳づくりは、たとえ小規模であろうとも、熟達した古墳づくりの技術者と組織化されたチームを編成するが、古墳づくりを主導する技術者は、集団をまたいで存在し、各地の有力者の支配下にあったとする指摘がある（右島二〇〇三、二四九—二五〇頁）。各地域の最高クラスの古墳とそれよりも下位に位置づけられる古墳との間に、技術的な相関性があるのか否か、また共通する技術がどの程度の広がりをもっていたのか、各有力者が支配した地域をより具体的に把握する研究も必要となろう。

また、古代から中世に伝わった土木技術はなにか、中世で新たに編み出された土木技術はなにか、中世社会と土木技術との接点についても、今後追求すべき論点である。平安京の寺院や倉などに採用された土木技術については、すでにいくつかの先行研究がある。こうした研究の成果を吸収しつつ、中世以降の土木技術についても、遠大な土木技術の歴史のなかで技術的な意義、そして歴史的な位置づけと評価をおこないたい。

古代の土木技術は、まだ不明な点を数多く残す。いや、むしろ不明なことばかりといったほうが適当だろう。本書では、考古学的観点から土木技術を解説してきたが、文献史学の研究成果と比較し、本書で紹介した土木技術がいかなる集団や氏族に帰属するかといった、土木事業を実際に遂行した人物や集団を具体的にあきらかにする作業などが、課題として残る。一例として、古墳築造と土師《はじ》氏とのかかわり、あるいは本書でわずかしか言及できなかった奈良時代を代表する僧の一人、行基《ぎょうき》が組織した知識結《ちしきゆい》がもつ土木技術の系統を復元すること、加えて土木事業への軍の関与など、発掘調査成果と対照させつつ、特定の集団に固有な技術をあきらかにすることなどをあげておく。

さて、日本列島における人々の歴史を語るうえで、考古学ひいては土木技術を経済活動と関連づけて説明することが欠かせない。本書でも城の山古墳を例に述べたが、農業生産と古墳築造との間には、実は深いかかわりがあることを予察した。しかし、本書の記述の多くは、土木技術と政治・外交といった側面で語ることにならざるをえず、農業をはじめとする生産や流通と土木技術とをいっそう有機的に関連づけた説明、つまり当時の社会構造と土木技術の関連性を追求する視点ももとめられよう。加えて、環境変動によって集落や古墳が立地を変え、そうした遷移が土木技術に対してあたえた影響についても、今後検証されなければならないだろう。

さらに本書では、渡来人が保持する多岐にわたる技術についてもふれた。今後、渡来人の技術と位置づけた土木技術が、朝鮮半島のどの地域を源流とするのか、また逆に日本列島で出現した土木技術が朝鮮半島などへ伝わったのかどうか、綿密な検証作業を積み重ね、より多面的に日本列島と朝鮮半島との交流史を復元できればと考えている。

史料が少ない日本の古代研究において、固有名詞を特定した議論は常に困難がつきまとうし、ましてや古代土木技術を完全に解明するなど、果てしなく広がる灼熱の荒野の只中を、何ももたず一人で歩を進めるようなものだ。この先も解というゴールにたどりつくことは、できないかもしれない。いや、できないだろう。それでも、解に少しでも近づきたいという筆者の願いは変わらない。古代土木技術の探索、この終わりなき旅路を、もうしばらく歩き続けてみようと思う。

あとがき

筆者は、市役所勤務を経たのち、二〇〇七年に奈良文化財研究所（奈文研）へ奉職し、都城の発掘調査・研究に打ち込む生活を九年あまり続けた。奈文研での九年間のうち六年間は、土器の研究室に所属していたため、当然のこととして土師器《はじき》や須恵器《すえき》、施釉陶器《せゆうとうき》、陶硯《とうけん》など土器の勉強に多くの時間を割いた。その一方、土木技術の探求というテーマは、研究対象が都城になろうとも続けよう、と心に期していた。折しも奈文研に入所した頃は、ちょうど高松塚《たかまつづか》古墳の石室解体にともなう発掘調査が佳境を迎えており、筆者も入所して間もなく、調査の援軍として現地へ足を運んだ。その際、目に飛び込んできた墳丘の版築《はんちく》や突棒痕跡、石室設置にともなう水準杭の痕跡など、当時の土木技術が明瞭に刻印された現場に圧倒された。もちろん古墳だけでなく、数多くの調査経験を通じて、今度は寺院や宮殿、官衙《かんが》などの施設がいかなる技術で造営されたのか、この目で確かめ、追究したいという欲求が強かった。実際に、都城の発掘調査に従事すると、巨大な建物や塀などの遺構を数多く検出する機会は、それこそたくさんある。しかし、こうした遺構を正面から取り上げるのは建築史の研究者ばかり、考古学の側から遺構を詳細に論ずることは、ごく限られていたように思う。いわば宝の山である遺構の研究について、考古学の人間が座視したまま何も発言しないのはあまりにももったいないと考え、当初希望していたテーマ、つまり考古学的に遺構の研究を目指そうと決意したあの頃を、本文を書き終えた今、なつかしく思い出している。本書前半では、筆者が二〇年来研究対象としてきた古墳の築造技術からみた古墳時代像の復元を試みたが、後半は、奈文研で筆者がとりくんだ調査研究の成果、これが硬くしまった版築基壇のごとく、検討をすすめる際のゆるぎない基礎となった。

さいわい奈文研では、さまざまな疑問に答えてくれる先輩職員や同僚に恵まれた。加えて、考古学だけでなく、文献史・建築史・庭園史・環境考古学・年代学・保存科学など、多様な分野の専門家と意見を交えながら発掘調査をおこなうこと、これが奈文研における発掘調査の大きな特徴であり、かつ強みでもあるといえるだろう。

奈文研時代、調査に参加した主な遺跡を時系列順に並べてみると、高松塚古墳《たかまつづか》、藤原宮跡《ふじわらきゅうせき》、甘樫丘東麓遺跡《あまかしのおかとうろく》、石神遺跡《いしがみ》、平城宮跡《へいじょうきゅう》、東大寺法華堂《とうだいじほっけどう》、薬師寺東塔《やくしじとうとう》など、特別史跡や国宝も含まれ、まさに調査者冥利に尽きる貴重な経験をさせていただいた。なかでも、版築を考える契機となった藤原宮大極殿《だいごくでん》南門、連日、掘立柱建物《ほったてばしらたてもの》の検出に明け暮れ、杜掘方の形状的特徴に着目するきっかけとなった石神遺跡と甘樫丘東麓遺跡、寺院調査の精髄に触れることができた薬師寺東塔および東大寺法華堂の調査は、とくに思い出深い。本書は、まさにその調査成果を筆者なりに咀嚼した結果でもある。加えて本書には、奈文研の先輩職員や同僚諸氏から頂戴したご教示、あるいは研究上のヒントを発展させた論点が随所にある。感謝の念とともに付記しておきたい。

現在筆者は、國學院大學で教鞭をとっている。本書の一部には、筆者が担当する講義科目である歴史考古学Ⅰ・Ⅱや、史学入門Ⅱで筆者が講じる内容も盛り込んだ。かなり専門的な話に偏してしまいがちな筆者の講義内容に対しても、辛抱強く耳を傾けてくれる学生諸君に感謝の気持ちを伝えたい。そして毎夏、考古学調査法（考古学実習）の一環として実施する発掘調査では、ここのところ長野県安曇野市穂高《ほたか》古墳群F9号墳を対象としている。長らく都城や寺院を調査していた身にとって、古墳の発掘調査は本当に久しぶりだったが、学生諸君と議論しながら、発掘調査成果をもとに古墳築造過程を復元する知的興奮を久々に味わっている。本書を手に取った読者の方々にも、古墳・寺院の魅力が少しでも伝わることを願ってやまない。そして本書が契機となり、古代の土木技術に関心を寄せてくださる方がおられるのならば、著者として望外の喜びである。

本書を終えるにあたり、もうひとつだけ読者のみなさんにお伝えしたい点がある。それは、開発にともない、消滅していった古墳をはじめとする数多くの遺跡のことだ。この世から消滅してしまう直前、緊急で実施した発掘調査の記録の中にしか情報が残っていない例がなんと多いことか。もうこの世に存在しない例については、残された記録から、そのつくりかたや技術の仔細を復元するほかない。本書が一書としての体裁をなすことができたのも、こうして消えていった数多くの遺跡が、消滅の寸前に記録されたためである。いったん消滅した遺跡を、その環境をふくめて復元することは不可能だ。だからこそ、可能な限り文化財を守り、次代へ伝えていってほしい。本書が、消滅していった古墳をはじめとする遺跡に思いをいたすきっかけとなり、ひいては文化財保護に対して関心を寄せてほしい、本書の執筆に込めた筆者の切なる願いである。

なお本書の内容は、古代土木技術にかんする筆者の研究成果を基礎としたが、そのうちいくつかの研究成果は、筆者を研究担当者とするＪＳＰＳ科学研究費補助金（課題番号二一七二〇二九四・二四五二〇八八二）、ならびに平成二八年度國學院大學特別推進研究助成金によった。紙幅の都合で群集墳の築造や雨落溝《あまおちみぞ》の構造変化など、当初言及する予定だったが記述を省いた部分がある。これらの項目については他日に期したい。

文末となってしまったが、まず日頃よりお世話になっている奈文研ならびに國學院大學のみなさまに心より御礼申し上げる。また、本書執筆を熱心に勧めてくださった吉川弘文館編集部の石津輝真さん、編集で一方ならぬお世話になった高尾すずこさんに満腔の謝意を表する。そして、筆者に研究テーマを古代土木技術とするよう勧めてくださり、長年厳しくも温かく指導していただいた恩師であり、奈文研の大先輩でもある故・吉田恵二先生に本書を捧げたい。本来ならば上梓した本書を先生に読んでいただき、忌憚ないご意見を頂戴したかった。それが叶わぬ夢となってしまったことが、とても心残りである。

最後に、筆者の研究生活を絶えず陰で支えてくれる、妻の奈都子と息子の敬紀、筆者が研究者となる道を拓いてくれて、いつも応援を惜しまない両親、奈良と万葉集をこよなく愛し、筆者の研究活動に対して篤い理解を示してくれる義父母に、感謝の言葉を捧げたい。

二〇一七年六月

青木　敬

引用・参考文献

青木敬・大西貴夫・須藤好直「法華堂の発掘調査」『東大寺の美術と考古』東大寺の新研究一、法藏館、二〇一六年
石橋茂登「掘立柱の根固めについて―平城宮を中心として―」『文化財論叢Ⅲ』奈良文化財研究所学報第六五冊、二〇〇二年
石橋　宏『古墳時代石棺秩序の復元的研究』六一書房、二〇一三年
市原市教育委員会・市原市文化財センター『市原市大厩浅間様古墳調査報告書』市原市文化財センター調査報告書第四二集、一九九九年
井上直樹「高句麗の対北魏外交と朝鮮半島情勢」『朝鮮史研究会論文集』三八、二〇〇〇年
今尾文昭『ヤマト政権の一大勢力　佐紀古墳群』シリーズ「遺跡を学ぶ」九三、新泉社、二〇一四年
いわき市教育文化事業団（編）『塚前古墳―藤原川流域における後期前方後円墳の調査概報―』いわき市教育委員会、二〇一七年
岩永省三「東アジアにおける弥生文化」『岩波講座日本歴史』第一巻、二〇一三年
上野邦一「日本建築における四角・三角・丸　日本建築のかたちについての覚書」『建築史の想像力』学芸出版社、一九九六年
宇垣匡雅「古墳の墳丘高―吉備南部における変遷から―」『考古学研究』第五七巻第二号、二〇一〇年

梅原末治「扶餘陵山里東古墳群の調査」『昭和十二年度古蹟調査報告』朝鮮古蹟研究会、一九三八年
梅原末治「応神・仁徳・履中三天皇陵の規模と営造」『書陵部紀要』第五号、一九五五年
海野　聡『奈良時代建築の造営体制と維持管理』吉川弘文館、二〇一五年
近江俊秀『古代道路の謎―奈良時代の巨大国家プロジェクト―』祥伝社新書三一六、二〇一三年
大垣市教育委員会『花岡山古墳発掘調査報告』、一九七七年
大垣市教育委員会『長塚古墳―範囲確認調査報告書―』大垣市埋蔵文化財調査報告書第三集、一九九三年
大川原竜一「国造制の成立とその歴史的背景」『駿台史学』第一三七号、二〇〇九年
大阪府文化財調査研究センター『蔵塚古墳―南阪奈道路建設に伴う後期前方後円墳の発掘調査―』大阪府文化財調査研究センター調査報告書第二四集、一九九八年
大西貴夫・青木敬・金田明大「東大寺法華堂の調査―第四九二次」『奈良文化財研究所紀要二〇一三』、二〇一三年
大橋一章『飛鳥の文明開化』歴史文化ライブラリー一二、吉川弘文館、一九九七年
大林組プロジェクトチーム「現代技術と古代技術の比較による「仁徳天皇陵の建設」」『季刊大林』№20、一九八五年。
小郡市教育委員会『三国の鼻遺跡Ｉ　三国の鼻一号墳の調査』、一九八五年
小澤　毅『日本古代宮都構造の研究』青木書店、二〇〇三年
小田裕樹ほか「石神遺跡の調査―第一四五・一五〇次」『奈良文化財研究所紀要二〇〇八』、二〇〇八年

岸本直文「前方後円墳の墳丘規模」『人文研究　大阪市立大学大学院文学研究科紀要』第五五巻（第二分冊）、二〇〇四年
九州歴史資料館文化財調査室調査研究班「福岡県特別史跡『水城跡』―一〇〇年ぶりの断面調査―」『考古学研究』六三―三、二〇一六年
京都市文化財保護課『平安宮豊楽殿跡発掘調査　成果発表資料』二〇一五年
工藤圭章「古代の建築技法」『文化財講座　日本の建築』二　古代・中世Ⅰ、第一法規出版、一九七六年
工楽善通「古代築堤における『敷葉工法』―日本古代の一土木技術に関しての予察―」『文化財論集Ⅱ』同朋社出版、一九九五年
啓明大学校行素博物館『星州星山洞古墳群』啓明大学校行素博物館遺跡調査報告第一三集、二〇〇六年（韓国語）
神戸市教育委員会『史跡五色塚古墳　小壺古墳発掘調査・復元整備報告書』、二〇〇六年
国分寺市遺跡調査会・国分寺市教育委員会『武蔵国分寺跡附東山道武蔵路跡―平成二二年度保存整備事業に伴う事前遺構確認調査―』、二〇一一年
国立慶州文化財研究所『慶州南山南里寺址　東・西三層石塔発掘調査報告書』学術研究叢書六一、二〇一〇年（韓国語）
国立慶州文化財研究所『四天王寺址Ⅱ　回廊内郭発掘調査報告書』学術研究叢書八四、二〇一三年（韓国語）

国立慶州文化財研究所・慶州市『伝仁容寺址発掘調査中間報告』学術研究叢書五四、二〇〇九年（韓国語）
国立公州博物館『武寧王陵新報告書Ⅰ』国立公州博物館研究叢書第二二冊、二〇〇九年（韓国語）
国立扶余文化財研究所『王興寺跡Ⅲ—木塔址金堂址発掘調査報告書』国立扶余文化財研究所学術研究叢書第五二輯、二〇〇九年（韓国語）
国立扶余文化財研究所『扶余軍守里寺址Ⅰ—木塔址・金堂址発掘調査報告書—』二〇一〇年（韓国語）
国立扶余文化財研究所『帝釈寺址発掘調査報告書Ⅰ』国立扶余文化財研究所学術研究叢書第五八輯、二〇一一年（韓国語）
国立文化財研究所・全羅北道『弥勒寺址 石塔 基壇部発掘調査報告書』弥勒寺址石塔補修整備調査研究報告書第五号、二〇一二年（韓国語）
小山田宏一「天然材料を用いた土構造物の補強と保護」『大阪府立狭山池博物館研究報告』六、二〇〇九年
近藤義郎（編）『岡山市矢藤治山弥生墳丘墓』矢藤治山弥生墳丘墓発掘調査団、一九九五年
佐川正敏「王興寺と飛鳥寺の伽藍配置・木塔心礎設置・舎利奉安形式の系譜」『古代東アジアの仏教と王権—王興寺から飛鳥寺へ—』勉誠出版、二〇一〇年
笹生　衛「放生の信仰と郡衙・寺院・祭祀の景観」『木簡、語る』シンポジウム「居村木簡が語る古代の茅ヶ崎」資料集（改訂版）、茅ヶ崎市教育委員会、二〇一四年
佐藤長門『蘇我大臣家　倭王権を支えた雄族』日本史リブレット人〇〇三、山川出版社、二〇一六年

清水町教育委員会『小羽山古墳群―小羽山丘陵における古墳群の調査―』清水町埋蔵文化財発掘調査報告書Ⅴ、二〇〇二年
下垣仁志「倭王権と文物・祭式の流通」『国家形成の比較研究』学生社、二〇〇五年
城倉正祥「漢魏洛陽城遺構研究序説」『文化財論叢Ⅳ』奈良文化財研究所学報第九二冊、二〇一二年
白石太一郎『古墳とヤマト政権―古代国家はいかに形成されたか―』文春新書〇三六、一九九九年
白石太一郎『古墳の語る古代史』岩波現代文庫、二〇〇〇年
白石太一郎・杉山晋作・車崎正彦「群馬県お富士山古墳所在の長持形石棺の再検討」『国立歴史民俗博物館調査報告』第三集、一九八四年
朱　岩石「鄴城遺跡趙彭城東魏北斉仏寺跡の調査と発掘」『東北学院論集　歴史と文化』四〇、二〇〇六年
沈　炫曔「新羅・加耶高塚古墳の築造技術―地域別高塚築造モデルの提示―」『蓮山洞古墳群の意義と評価』、釜山広域市蓮堤区・釜山大学校博物館、二〇一三年（韓国語）
鈴木智大・神野恵・小田裕樹「平城宮佐伯門前の調査―一条南大路関連遺構にみる土木技術―」『条里制・古代都市研究』三一、二〇一五年
鈴木靖民「日本の古代国家への道と東アジア交流―三～七世紀まで―」『日本古代交流史入門』勉誠出版、二〇一七年
仙台市教育委員会『仙台市富沢裏町古墳発掘調査報告書』仙台市文化財調査報告第七集、一九七四年
孫　機『漢代物質文化資料図説』中国歴史博物館叢書第二号、文物出版社、一九九〇年（中国語）

大山スイス村埋蔵文化財発掘調査団『妻木晩田遺跡発掘調査報告』大山町埋蔵文化財調査報告書一七、二〇〇〇年
胎内市教育委員会『城の山古墳発掘調査報告書（四～九次調査）』、二〇一六年
高田貫太『海の向こうから見た倭国』講談社現代新書二四一四、二〇一七年
高橋照彦「律令期葬制の成立過程―『大化薄葬令』の再検討を中心に―」『日本史研究』第五五九号、二〇〇九年
高良倉吉『琉球王国』岩波新書（新赤版）二六一、一九九三年
武澤秀一『大仏はなぜこれほど巨大なのか―権力者たちの宗教建築―』平凡社新書七五六、二〇一四年
龍野市教育委員会『新宮東山古墳群―土採りに伴う緊急発掘調査報告―』龍野市文化財調査報告一六、一九九六年
田中清美「五世紀における摂津・河内の開発と渡来人」『ヒストリア』第一二五号、一九八九年
田中　淡「干闌式建築の伝統―中国古代建築史からみた日本―」『建築雑誌』九六、一九八一年
G・チャイルド（ねず・まさし訳）『文明の起源（上）』（改訂版）岩波新書六六、一九五七年
中国社会科学院考古研究所『北魏洛陽永寧寺』中国大百科全書出版社、一九九六年（中国語）
中国社会科学院考古研究所・河北省文物研究所鄴城考古隊「河北臨漳県鄴城遺址趙彭城北朝仏寺遺址的勘探与発掘」『考古』二〇一〇年第七期、二〇一〇年（中国語）
曺　永鉉（吉井秀夫訳）「古墳封土の区画築造に関する研究」『古墳構築の復元的研究』雄山閣、二〇〇三年

曺　永鉉『高霊池山洞第七三〜七五号墳』高霊郡大伽耶博物館・大東文化財研究院、二〇一二年（韓国語）
趙　哲済「大阪市加美遺跡、弥生時代中期Y1号墳丘墓の築造過程について」『大阪市文化財協会研究紀要』第二号、一九九九年
趙　源昌（寺岡洋訳）「百済造寺工の対日派遣と建築術の伝播」『朝鮮古代研究』第七号、二〇〇六年
坪井清足『飛鳥の寺と国分寺』古代日本を発掘する二、岩波書店、一九八五年
都出比呂志『王陵の考古学』岩波新書（新赤版）六七六、二〇〇〇年
都出比呂志「日本古代の国家形成論序説―前方後円墳体制の提唱―」『前方後円墳と社会』塙書房、二〇〇五年（初出一九九一年）
東亜大学校博物館『昌寧校洞古墳群』、一九九二年（韓国語）
東京都指定史跡宝萊山古墳調査会『東京都指定史跡宝萊山古墳―大田区立多摩川台公園拡張部公園整備に伴う範囲確認調査報告書―』、一九九八年
東北亜歴史財団編（田中俊明監訳・篠原啓方訳）『高句麗の政治と社会』明石書店、二〇一二年
徳田誠志「清寧天皇　河内坂門原陵飛地い号境界線保護工事予定区域の事前調査」『書陵部紀要』第五二号、二〇〇一年
中島信親「長岡宮跡第四九〇次（7ANEDN―11地区）」『長岡京ほか』向日市埋蔵文化財調査報告書第九六集、二〇一三年
中村友博・千田剛道・加藤允彦「平城宮跡と平城京跡の調査」『奈良国立文化財研究所年報一九八一』、

一九八一年
奈良県立橿原考古学研究所（編）『市尾墓山古墳』高取町文化財調査報告第五冊、高取町教育委員会、一九八四年
奈良国立文化財研究所『飛鳥寺発掘調査報告』奈良国立文化財研究所学報第五冊、一九五八年
奈良国立文化財研究所『平城宮発掘調査報告Ⅶ』奈良国立文化財研究所学報第二六冊、一九七六年
奈良国立文化財研究所『平城宮発掘調査報告Ⅸ』奈良国立文化財研究所学報第三四冊、一九七八年
奈良国立文化財研究所『平城宮発掘調査報告ⅩⅣ』奈良国立文化財研究所四十周年記念学報第五一冊、一九九三年
奈良文化財研究所『吉備池廃寺発掘調査報告―百済大寺跡の調査―』奈良文化財研究所創立五〇周年記念学報第六八冊、二〇〇三年
奈良文化財研究所『法隆寺若草伽藍跡発掘調査報告』奈良文化財研究所学報第七六冊、二〇〇七年
新潟市文化財センター（編）『史跡古津八幡山遺跡発掘調査報告書―第一五・一六・一七・一八・一九次調査―』新潟市教育委員会、二〇一四年
花谷　浩「讃岐宗吉瓦窯跡雑想」『香川考古』第一二号、二〇一〇年
羽曳野市教育委員会『史跡古市古墳群　峯ヶ塚古墳後円部発掘調査報告書』二〇〇二年
羽曳野市教育委員会『古市遺跡群ⅩⅩⅩⅠ』羽曳野市埋蔵文化財調査報告書、二〇一〇年
朴　天秀『加耶と倭―韓半島と日本列島の考古学―』講談社選書メチエ三九八、二〇〇七年
土生田純之「墳丘の特徴と評価」『馬越長火塚古墳群』豊橋市埋蔵文化財調査報告書第一二〇集、二〇

一二年
浜松市教育委員会『瓦屋西古墳群』、一九九一年
林巳奈夫（編）『漢代の文物』京都大学人文科学研究所、一九七六年
福井市立郷土歴史博物館『小羽山墳墓群の研究 越地方における弥生時代墳丘墓の研究―資料編―』、二〇一〇年
福永伸哉「前方後円墳の成立」『岩波講座日本歴史』第一巻、二〇一三年
藤井寺市教育委員会『津堂城山古墳 古市古墳群の調査研究報告四』藤井寺市文化財報告第三三集、二〇一三年
古谷 毅「我孫子古墳群」『千葉県の歴史 資料編』考古二、千葉県、二〇〇三年
文化財管理局文化財研究所『皇龍寺 遺跡発掘調査報告書Ⅰ』、一九八四年（韓国語）
松木武彦「古墳時代首長系譜論の再検討―西日本を対象に―」『考古学研究』第四七巻第一号、二〇〇〇年
松長有慶『空海 無限を生きる』高僧伝④、集英社、一九八五年
三宅和朗「古墳と植樹」『史学』第八一巻第四号、二〇一三年
茂木雅博「築造技術」『古墳時代の研究』第七巻、雄山閣、一九九二年
森 郁夫『日本古代寺院造営の諸問題』雄山閣、二〇〇九年
森 浩一「溝・堰・濠の技術」『古代日本の知恵と技術』朝日カルチャーブックス二八、大阪書籍、一九八三年

森　浩一「〝古墳〟とはなにか」『日本の古代5　前方後円墳の世紀』中央公論社、一九八六年
森　公章『「白村江」以後―国家危機と東アジア外交―』講談社選書メチエ一三二、一九九八年
森下章司『古墳の古代史―東アジアのなかの日本―』ちくま新書一二〇七、二〇一六年
薬師寺『薬師寺東塔基壇―国宝薬師寺東塔保存修理事業にともなう発掘調査概報―』二〇一六年
山中　章『日本古代都城の研究』柏書房、一九九七年
山中敏史『古代地方官衙遺跡の研究』塙書房、一九九四年
山中敏史「柱穴」『古代の官衙遺跡　Ⅰ遺構編』奈良文化財研究所、二〇〇三年
山本孝文「後期・終末期古墳の様相―韓半島における古墳の終焉と日本の終末期古墳―」『韓日の古墳』日韓交渉の考古学―古墳時代―研究会、二〇一六年
横田洋三「掘立柱の再考」『考古学論究―小笠原好彦先生退任記念論集―』真陽社、二〇〇七年
横山浩一「〝大化薄葬令〟に規定された墳丘の規模について」『古代技術史攷』岩波書店、二〇〇三年（初出一九八三年）
淀江町教育文化事業団『妻木晩田遺跡　洞ノ原地区・晩田山古墳群発掘調査報告書』淀江町埋蔵文化財調査報告書第五〇集、二〇〇〇年
若狭　徹『古墳時代ガイドブック』シリーズ「遺跡を学ぶ」別冊〇四、新泉社、二〇一三年
若杉智宏「キトラ古墳の墳丘形状」『文化財論叢Ⅳ』奈良文化財研究所学報第九二冊、二〇一二年
和田晴吾「葬制の変遷」『古墳時代の葬制と他界観』吉川弘文館、二〇一四年（初出一九八九年）
渡辺照宏『仏教（第二版）』岩波新書C一五〇、一九七四年

本書にかかわる筆者の論文など

青木　敬「大田区宝萊山古墳の再検討」『東京考古』一七、一九九九年
青木　敬『古墳築造の研究―墳丘からみた古墳の地域性―』六一書房、二〇〇三年
青木　敬「古墳における墳丘と石室の相関性」『日本考古学』第二三号、日本考古学協会、二〇〇七年
青木　敬「古墳築造からみた生前墓」『墓から探る社会』雄山閣、二〇〇九年
青木　敬「小羽山墳墓群の墳丘構築法」『小羽山墳墓群の研究―研究編―』福井市立郷土歴史博物館、二〇一〇年
青木　敬「飛鳥・藤原地域における七世紀の門遺構―石神遺跡・飛鳥京跡・藤原宮跡などの調査事例―」『官衙と門　報告編』奈良文化財研究所研究報告第四冊、二〇一〇年C
青木　敬「国分寺造塔と土木技術」『土壁』第一二号、考古学を楽しむ会、二〇一一年A
青木　敬「墳丘規格・築造法」『古墳時代研究の成果と課題　上』同成社、二〇一一年B
青木　敬「掘込地業と版築からみた古代土木技術の展開」『文化財論叢Ⅳ』奈良文化財研究所学報第九二冊、二〇一二年C
青木　敬「造塔の土木技術と東アジア」『花開く都城文化』飛鳥資料館図録第五七冊、二〇一二年D
青木　敬「検出遺構における四面廂建物」『四面廂建物を考える　報告編』奈良文化財研究所研究報告第九冊、二〇一二年E
青木　敬「古津八幡山古墳の築造方法とその背景」『シンポジウム蒲原平野の王墓　古津八幡山古墳を考える―一六〇〇年の時を越えて―』記録集、新潟市文化財センター、二〇一三年A

青木　敬「墳丘構築技術にみられるふたつの画期」『東国の考古学』六一書房、二〇一三年B
青木　敬「版築と礫」『奈良文化財研究所紀要二〇一三』、二〇一三年C
青木　敬「中央官衙」『古代官衙』考古調査ハンドブック一一、ニューサイエンス社、二〇一四年A
青木　敬「土を盛る技術―版築を読み解く―」『はぎとり・きりとり・かたどり』飛鳥資料館図録第六一冊、二〇一四年B
青木　敬「古墳における墳丘と埋葬施設」『古墳時代の地域間交流3』第一八回九州前方後円墳研究会佐賀大会実行委員会、二〇一五年
青木　敬「日韓王陵級古墳における墳丘の特質と評価」『日韓文化財論集Ⅲ』奈良文化財研究所学報第九五冊、二〇一六年A
青木　敬「土木技術（古墳構築・築堤・道路）」『季刊考古学』第一三七号、二〇一六年B
青木　敬「日本古墳における墳形と墳丘構築技術」『韓日の古墳』日韓交渉の考古学―古墳時代―研究会、二〇一六年C
青木　敬「墳丘構造」『城の山古墳発掘調査報告書（四次〜九次調査）』胎内市教育委員会、二〇一六年D
青木　敬「寺院造営技術からみた白鳳」『國學院雜誌』第一一七巻第一二号、二〇一六年E

挿図出典一覧

図1　趙一九九九、二八四頁、図六より引用。
図2　福井市立郷土歴史博物館二〇一〇、五一・五二頁、第二―二五図より引用。
図3　（左）大阪市立大学日本史研究室『玉手山一号墳の研究』大阪市立大学考古学研究報告第四冊、二〇一〇年、八三頁、第三四図より引用。（右）奈良県立橿原考古学研究所『下池山古墳の研究』橿原考古学研究所研究成果第九冊、二〇〇八年、一八三頁、図一九三より引用。
図4　東京都指定史跡宝莱山古墳調査会一九九八、二七頁、図四より引用。
図5　下津谷達男・大谷映一『遠江赤門上古墳』浜北市史資料一、一九六六年、所収図を筆者トレース、一部改変。
図6　筆者作成。
図7　小郡市教育委員会一九八五、三九頁、Fig.43より引用。
図8　樋口吉文「古墳築造考」『堅田直先生古希記念論文集』、真陽社、二〇〇四頁、第二図を一部改変の上、筆者トレース。
図9　筆者作成。
図10　胎内市教育委員会二〇一六、図版三より引用。
図11　青木二〇一六D、四四六頁、図一より引用。

図12　奈良文化財研究所提供。
図13　奈良文化財研究所提供。
図14　奈良文化財研究所提供。
図15　啓明大学校行素博物館二〇〇六、二九三頁、図面一六一より引用。
図16　藤井寺市教育委員会『石川流域遺跡群発掘調査報告XⅧ』藤井寺市文化財報告書第二三集、二〇〇三年、巻頭図版一より引用。
図17　藤井寺市教育委員会二〇〇三、三五頁、図二二より引用。
図18　東広島市教育委員会『史跡三ッ城古墳―保存整備事業第二年次発掘調査概報―』東広島市教育委員会調査報告書第一四集、一九八九年、第三図より引用。
図19　東広島市教育委員会一九八九、図版３ｂより引用。
図20　筆者撮影。
図21　市原市教育委員会・市原市文化財センター一九九九、巻頭図版一より引用。
図22　大阪府立文化財調査研究センター一九九八、二七頁、図一六より引用。
図23　高槻市教育委員会『史跡・今城塚古墳―平成一二年度・第四次規模確認調査―』二〇〇一年、所収図より引用。
図24　青木二〇一三B、九五頁、第七図より引用。
図25　筆者撮影。
図26　筆者撮影。

図27　筆者撮影。
図28　羅丰「从山陵为贵到不封不木对—北朝墓葬封土的转変」『蓮山洞古墳群の意義と評価』釜山大学校博物館（中国語）、九三頁、図三より引用。
図29　筆者撮影。
図30　筆者撮影。
図31　筆者撮影。
図32　奈良文化財研究所提供。
図33　薬師寺二〇一六、巻頭図版四—三より引用。
図34　文化庁・奈良文化財研究所・奈良県立橿原考古学研究所・明日香村教育委員会『特別史跡キトラ古墳発掘調査報告』、二〇〇八年、PL．6上より引用。
図35　奈良文化財研究所提供。
図36　奈良文化財研究所提供。
図37　筆者撮影。
図38　国立扶余文化財研究所『帝釈寺址発掘調査報告書Ⅰ』、二〇一一年、五八頁、写真三四より引用。
図39　筆者作成。
図40　奈良文化財研究所二〇〇三、PL．6—1より引用。
図41　青木敬「慶州・チョクセン遺跡の発掘調査—日韓発掘調査交流二〇〇八—」『奈良文化財研究所紀要二〇〇九』、二〇〇九年、図三一を一部改変。

図42　国立慶州文化財研究所二〇一三、八六頁、写真六七より引用。
図43　奈良文化財研究所提供。
図44　奈良文化財研究所提供。
図45　筆者作成。
図46　李保京「貯水池堤防の築造工程と土木技術」『水利・土木考古学の現状と課題』ウリ文化財研究院、二〇一四年（韓国語）、五七頁、図一〇を一部改変。
図47　奈良文化財研究所『奈良文化財研究所紀要二〇一六』図版六より引用。
図48　奈良文化財研究所『古代の官衙遺跡Ⅰ　遺構編』二〇〇三年四三頁、図二より引用。
図49　筆者作成。
図50　筆者作成。
図51　奈良国立文化財研究所一九七八、一七頁、Fig.9を一部改変。
図52　筆者撮影。
図53　筆者撮影。
図54　大西・青木・金田二〇一三、図二〇七より引用。
図55　薬師寺二〇一六、表紙写真より引用。
図56　青木敬・米川裕治・佐々木芽衣・今井晃樹「薬師寺東塔の調査―第五三六次・第五五四次」『奈良文化財研究所紀要二〇一六』、一五六頁、図一六九より引用。
図57　青木・米川・佐々木・今井二〇一六、一五七頁、図一七一より引用。

図58　国分寺市教育委員会『武蔵国分寺のはなし』、二〇一〇年、五四頁所収図より引用。
図59　坪井一九八五、一四二頁、一一七より引用。
図60　奈良国立文化財研究所一九九三、三四頁、Fig.12より引用。
図61　中島二〇一三、九五頁、第五六図より引用。
図62　筆者作成。

著者紹介

一九七五年、東京都に生まれる
二〇〇三年、國學院大學大学院博士課程後期修了
鎌倉市教育委員会、奈良文化財研究所勤務を経て、
現在、國學院大學文学部准教授、博士（歴史学）

主要著書

『古墳築造の研究―墳丘からみた古墳の地域性―』（六一書房、二〇〇三年）
「墳丘規格・築造法」『古墳時代研究の現状と課題上』（同成社、二〇一二年）
『古代官衙』（共著、ニューサイエンス社、二〇一四年）

歴史文化ライブラリー
453

土木技術の古代史

二〇一七年（平成二十九）十月一日　第一刷発行

著　者　青《あお》木《き》敬《たかし》

発行者　吉川道郎

発行所　株式会社　吉川弘文館
東京都文京区本郷七丁目二番八号
郵便番号一一三―〇〇三三
電話〇三―三八一三―九一五一〈代表〉
振替口座〇〇一〇〇―五―二四四
http://www.yoshikawa-k.co.jp/

印刷＝株式会社 平文社
製本＝ナショナル製本協同組合
装幀＝清水良洋・柴崎精治

ISBN978-4-642-05853-7

歴史文化ライブラリー

1996.10

刊行のことば

現今の日本および国際社会は、さまざまな面で大変動の時代を迎えておりますが、近づきつつある二十一世紀は人類史の到達点として、物質的な繁栄のみならず文化や自然・社会環境を謳歌できる平和な社会でなければなりません。しかしながら高度成長・技術革新にともなう急激な変貌は「自己本位な刹那主義」の風潮を生みだし、先人が築いてきた歴史や文化に学ぶ余裕もなく、いまだ明るい人類の将来が展望できていないようにも見えます。このような状況を踏まえ、よりよい二十一世紀社会を築くために、人類誕生から現在に至る「人類の遺産・教訓」としてのあらゆる分野の歴史と文化を「歴史文化ライブラリー」として刊行することといたしました。

小社は、安政四年（一八五七）の創業以来、一貫して歴史学を中心とした専門出版社として書籍を刊行しつづけてまいりました。その経験を生かし、学問成果にもとづいた本叢書を刊行し社会的要請に応えて行きたいと考えております。

現代は、マスメディアが発達した高度情報化社会といわれますが、私どもはあくまでも活字を主体とした出版こそ、ものの本質を考える基礎と信じ、本叢書をとおして社会に訴えてまいりたいと思います。これから生まれでる一冊一冊が、それぞれの読者を知的冒険の旅へと誘い、希望に満ちた人類の未来を構築する糧となれば幸いです。

吉川弘文館